JN046910

$E=mc^2$

R による
教育・言語・心理系
のための
データサイエンス
入門

柳川 浩三 ● 著

FW

MF

DF

Ohmsha

本書に掲載されている会社名・製品名は、一般に各社の登録商標または商標です。

本書を発行するにあたって、内容に誤りのないようできる限りの注意を払いましたが、本書の内容を適用した結果生じたこと、また、適用できなかった結果について、著者、出版社とも一切の責任を負いませんのでご了承ください。

　本書は、「著作権法」によって、著作権等の権利が保護されている著作物です。本書の複製権・翻訳権・上映権・譲渡権・公衆送信権（送信可能化権を含む）は著作権者が保有しています。本書の全部または一部につき、無断で転載、複写複製、電子的装置への入力等をされると、著作権等の権利侵害となる場合があります。また、代行業者等の第三者によるスキャンやデジタル化は、たとえ個人や家庭内での利用であっても著作権法上認められておりませんので、ご注意ください。

　本書の無断複写は、著作権法上の制限事項を除き、禁じられています。本書の複写複製を希望される場合は、そのつど事前に下記へ連絡して許諾を得てください。

出版者著作権管理機構
（電話 03-5244-5088，FAX 03-5244-5089，e-mail：info@jcopy.or.jp）

⎡JCOPY⎦ ＜出版者著作権管理機構 委託出版物＞

はじめに

　自分で集めたデータを使って自分の立てた問いに答えを見つけ出すのは楽しいものです。しかし、その過程で立ちはだかる統計分析は、多くの学生や院生・研究者にとっては厄介なものではなかったでしょうか。筆者にとってもそうでした。実際、さまざまな統計に関する本を読んでも、いや、読めば読むほど「よくわからないなぁ」との思いは強くなるばかりで、脱落しかけたこともしばしばでした。

　しかし、この無力感は「統計分析についてすべてわかっていなければならないのか」と問いを立て直してみることでだいぶ和らぎます。完全に消えてなくなることはなくても、自分で納得がいくようになります。普通免許で公道を運転する人は何千万人といますが、いったいそのうちの何人が車の仕組みや構造をすべてわかって運転しているのでしょうか。事故なく目的地にたどり着ければいいはずです。誤解を恐れずにいえば、本書はそうした考え方に基づいて書かれています。つまり、自分のデータから自分の立てた問いに対する解を無事に見出すことができればそれでよしと。

　運転するのは R という車です。R にはいろいろな装備がついていて絶えずアップデートを繰り返しています。何よりも無料なのがうれしいです。唯一の難点はちょっと気難しいところでしょうか。でも安心してください。この本を地図替わりに運転すれば、気難しい R も楽しく乗りこなすことができるようになります。少なくとも、この本を手に取ったあなたの目的が達成される程度には。最初は、少しイラついたりメンドクサイと思うかもしれません。でも、地図を片手にあなたなりの旅を気長に続けていれば、今まで見たことのなかった景色が見えるようになることだけはお約束します。

　R 関連の書籍は本書以外にも無数にあります。それらは、R のスキルに特化したものと理論志向のものとの二つに大別されます。前者は目の前の課題解決には役立つ一方で、途中の道筋——理論がよく見えずになんとなく自信がもてませんでした。理論志向の書籍は文系読者にとっては数式に目が眩み、学習意欲が萎えてしまいました。

　そこで、この本は数式をほとんど使わずにスキルと理論をつなぐことに注力しました。そうすることで、読者が持続的かつ自立的に自分の立てた問い

に答えを探すことができるようになると考えたからです。この本が対象とする読者は、以下のような人たちです。

- 数学（特に高校以降）に苦手意識をもつ大学生・大学院生で、卒論・修論に統計分析を活用したいけど、どう活用すればいいかわからない人
- 今まで量的分析や統計的仮説検定を避けてきた人で、一度は取り入れてみたいと密かに思っていた人
- 量的分析をやってみたことはあったものの、断片的な理解に留まっていたので、もう少しちゃんと理解をしたいと思っていた人
- オシャレなグラフを使って論文発表や学会発表をしたいと思っている人
- 現職の中高教員や教育センター・教育委員会などに勤務している人

本書では以下の2点を工夫しました。

第1に、統計的知識とデータ分析の道筋を直観的・直線的に説明しています。想定した多くの読者は数理的解説に基づいた統合的理解よりも、実際に手元のデータを分析するスキルと論文を読み書きするのに必要な知識の習得を優先したいと思っていると考えたからです。

第2に、各章はリサーチクエスチョン（問い）を解決する一つの物語となっています。リアルな問いがあったほうがわかりやすいと考えたからです。リアルな問いとは筆者自身と筆者が出会った学生たちが実際に立てた問いです。読者は本書の問いと自分の抱える問いとを照らし合わせることで、データの分析方法を選択できるようになるはずです。

章立てはRの準備編に続いて、第1部（Chapter 1 ～ 6）では2変量の量的分析、第2部（Chapter 7 ～ 9）では質的分析、第3部（Chapter 10 ～ 14）では多変量解析を扱います。

第1部（Chapter 1 ～ 6）はt検定、Welchのt検定、U検定（ウイルコクソンの順位和検定）、クラスカル・ウォリス検定、相関分析などを学びます。加えて、論文・学会発表で報告義務が求められるようになった効果量の算出方法とその意味と解釈の仕方を学びます。

第2部（Chapter 7 ～ 9）では質的分析、特に、頻度数の検定で多用されるフィッシャーの直接確率検定、カイ2乗検定を学びます。それによっ

て、「やや多い」「比較的に少ない」に終始していた従来のクロス集計表の記述的分析から一歩進んだ分析技法を身につけます。さらに、アンケートの自由記述文やインタビューの発話をクロス集計表に落とし込む手法（Chapter 9）と、クロス集計表から名義変数間の関係性を2次元で表現する対応分析（Chapter 8 発展）を学びます。

　第3部（Chapter 10 ～ 14）は、1要因および2要因混合デザインの分散分析に加えて、重回帰分析、ロジスティック回帰分析、因子分析、クラスター分析を学びます。

　最後に、本書の読み方・使い方をお伝えします。データ分析に不慣れで統計知識が少ない読者なら、Rを動かしながら本書の順番通りに読み進めることをお勧めします。各章の終わりの類題を解きながら自信をつけてください。

　一方、Rを少しいじった経験があって、少し統計知識がある読者なら、必要な個所だけを拾い読みするのもよいでしょう。その際、予備知識（スキル）の不足で戸惑うことのないよう、本書内での参照箇所を示してあります。迷ったり、不安に思ったら、急いだりメンドクサがらずに、該当箇所に立ち寄り、寄り道を楽しんでください。寄り道を繰り返していると理解が立体的になってきます。

　また、大学学部や大学院の講義・演習の教科書としても利用価値が高いのではないでしょうか。全14章で構成した理由はそこにあります。授業後に学生は類題を演習することで、Rスキルと統計知識の定着を図れるものと思います。

　Rがややとっつきにくいのは事実です。しかし、自分でコマンドを打ち、アウトプットを読み取るプロセスは、自分の足で自分の道を歩いている実感に満ちています。そして、それが自分の論文やレポートのオリジナリティを支え、自分自身の研究に対する自負と責任を育んでくれます。この本を手に取った皆さんが、情報・デジタル社会を生き抜く自分の武器の一つとしてRスキルと統計知識を携え、昨日の自分よりも少しでも成長したと思ってもらえたらうれしく思います。

2023 年 3 月

フィリピン・プエルトガレラにて　著　者

Chapter 2　統計分析はじめの一歩　　　　　　　　35
　　　　　　　ー標準化と統計的仮説検定ー

Chapter 5 サンプルの小さい外れ値のある二条件を比較する 83

―電話をかける回数に性差はあるか―

《第3部》

Chapter 10　同じ人の三つ以上の平均を比べる　157
―理科を苦手になるのは小中高のどのあたりか―

Chapter 12 発展 説明変数から二値データを予測する　196
　　　　　　　―オンライン授業の印象を分ける要因は何か―

1　Theory　　196

2　研究課題　　196

3　分析の手順　　197

4　目的変数の確率を推定　　203

5　結果の書き方　　205

6　まとめ　　206

7　類題　　206

4 結果の書き方　　　　　　　　　　　　　　　　　　248

5 まとめ　　　　　　　　　　　　　　　　　　　　　248

6 便利な関数　　　　　　　　　　　　　　　　　　　249

7 類題　　　　　　　　　　　　　　　　　　　　　　249

Chapter ⓪

R はじめの一歩
―これだけで使える R―

　R の世界へようこそ。この章では R を使うための準備をします。R のインストール、はじめてのコマンド入力、パッケージと呼ばれる拡張機能の導入方法に加え、R のトラブル対策を解説します。

1 　R のインストール

　まずは、R を自分の PC にインストールしましょう。OS に応じて、1.1 で Windows、1.2 で macOS の方法を説明します。

1.1　Windows の場合

1 以下の URL にアクセスする。

```
https://cran.r-project.org/
```

2 [Download R for Windows] をクリックする。

3 [install R for the first time] をクリックする。

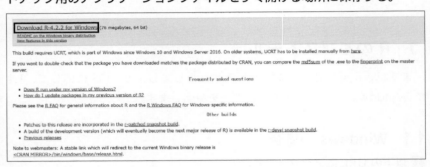

4 [Download R-4.x.x for Windows]（x の部分はバージョンによって変わります．本書執筆段階での R のバージョンは 4.2.2）をクリックし、セットアップ用のアプリケーションファイルをすぐ開ける場所に保存する。

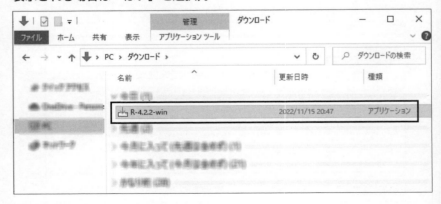

5 保存したアプリケーションファイルを開く（ユーザーアカウント制御が表示される場合は「はい」を選択）。

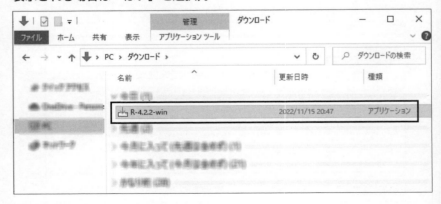

6 セットアップが開始されるため「OK」、「次へ」を押し、セットアップ完了。

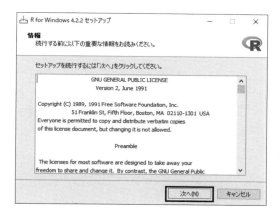

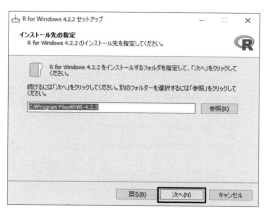

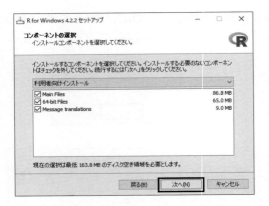

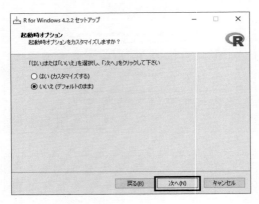

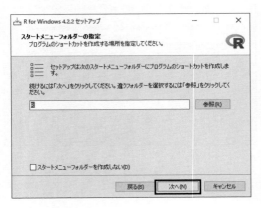

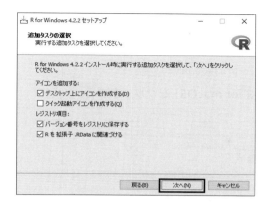

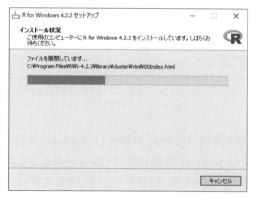

　デスクトップにアイコンが表示され、アイコンをダブルクリックすると R が起動します。

1.2 macOS の場合

1 以下の URL にアクセスする。

```
https://cran.r-project.org/
```

2 [Download R for macOS] をクリックする。

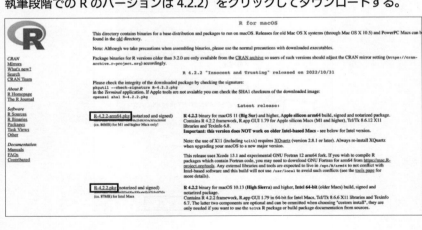

3 M1 チップ以降を搭載した mac の場合 [R-4.x.x-arm64.pkg]、それ以前の mac の場合 [R-4.x.x.pkg]（x の部分はバージョンによって変わります。本書執筆段階での R のバージョンは 4.2.2）をクリックしてダウンロードする。

4 許可する。

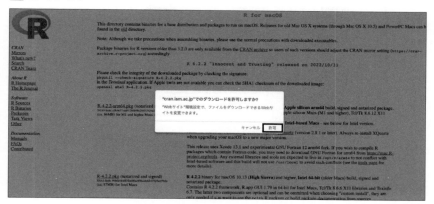

5 続ける。

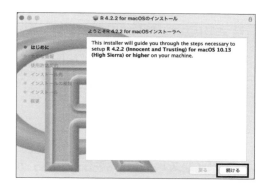

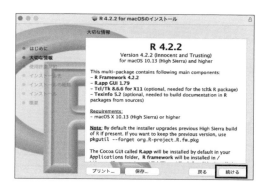

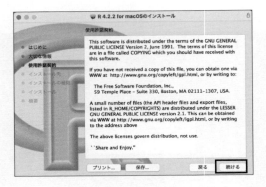

6 使用承諾契約を読み、同意する。

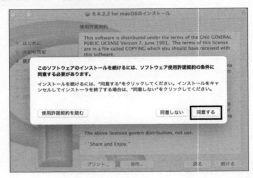

7 インストールする。「インストールが完了しました。」が表示されたらインストールできているので閉じる。

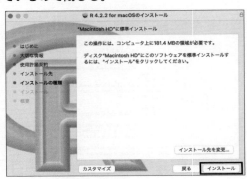

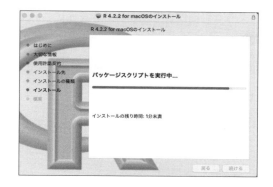

アプリケーションから R が実行できるようになっています。

2 イジッテみる

　R のインストールが完了したところで、簡単にいじってみましょう。ここでは Windows を使いますが、macOS では「アプリケーション」から R を実行できます。

　デスクトップにある アイコンをクリックします。アイコンが見当たらい場合は、Windows マークをクリック→「スタートメニュー」→「すべてのプログラム」（Windows 11 では「すべてのアプリ」）→「R」フォルダ→「R4.2.2」（筆者の場合。「R」フォルダがない場合もある）を選んで R を起動させてください。

すると、以下のような画面が立ち上がってきます。これで準備完了です。

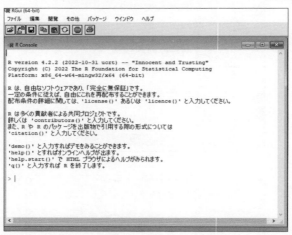

2.1 四則計算

表示された R Console の > 以降の内容はコンピュータに対する指示（命令）であり、コマンドと呼びます。そのコマンド（指示）を打ち込んだ後に Enter キーを押すことで、指示が実行されます。計算式であれば解が表示され、たとえば足し算は

```
> 1 + 2 # 足し算
[1] 3
```

となります。ここで、# 以降はコメントと呼び、実行されないメモ書きです。[1] は出力として、最初のアウトプットという意味です。以下にいくつかの例を示します。

```
> 3 - 2 # 引き算
[1] 1
> 10 / 2 # 割り算
[1] 5
> 5 * 2 # 掛け算はアスタリスクです。「×」ではありません。
```

```
[1] 10
> 3 ^ 2 # 累乗には^(ハット)を用います。
[1] 9
> sqrt(9) # 平方根の計算。square rootの略。
[1] 3
```

実際に R Console に入力して試してみましょう。

```
> 1+2
[1] 3
> 3-2
[1] 1
> 10/2
[1] 5
> 3^2
[1] 9
> sqrt(9)
[1] 3
> |
```

　平方根を求めるときに用いる sqrt( )のような形式を**関数**と呼びます。R
の関数は、( )内に入れられた具体的な値、変数（xやy、列名など）、デー
タフレーム、引数に応じた処理をします。データフレームとは文字や数値を
混在させたデータ構造の一種（本書では R が読み込む csv ファイルとほぼ
同意）です。**引数**（ひきすう）とは関数で指定すべき、または指定可能なオ
プションのことです。引数は「,」で区切って並べます。

```
matrix(y, nrow=2)
└関数    └──┴引数
```

2.2　関数と代入

　次に、c( )関数を使って、c( )全体を変数 y に代入してみましょう。c( )は
複数の値を一つのまとまり（combined）として扱う関数です。以降では、
コメントに操作やコマンドの意味を書き込んでいます。

```
> y = c(1, 2, 3, 4, 5, 6) # Enterキーを押すと…。
> y
[1] 1 2 3 4 5 6
> length(y) # データの個数を教えて。
```

```
[1] 6
> y * 2
[1]  2  4  6  8 10 12
> y / 2 #便利だと思いませんか。
[1] 0.5 1.0 1.5 2.0 2.5 3
> z = c(1:6) # コロンで挟まれた数字は連続する整数の意味です。
> z
[1] 1 2 3 4 5 6
> z / 2
[1] 0.5 1.0 1.5 2.0 2.5 3
```

2.3　行列データの作成

関数と代入を用いて行列データを作成するには以下の2段階を踏みます。

① データを c() 関数で並べて（それを「 = 」で変数に代入し）、

② matrix() 関数で行列に変換

matrix() 関数には、引数に c() または代入した変数と nrow（行数）を指定します。列数は自動で判断するので不要です。

```
> y = c(1:6) # c()を使って1～6の整数をyという変数に代入しました。
> matrix(y, nrow=2) # matrix()を使ってyを、2行で行列化します。
     [,1] [,2] [,3]
[1,]    1    3    5
[2,]    2    4    6
```

やや違和感があるのは、行ごとに順番に並んでないからでしょうか。そこで、以下のようにします。

```
> matrix(y, nrow=2, byrow=TRUE) # byrow=TRUEと指定します。
     [,1] [,2] [,3]
[1,]    1    2    3
[2,]    4    5    6
```

こちらの方が見やすいかもしれません。ただ、何か物足りないのは行列のラベルが表示されていないからですね。ラベルの付け方は Chapter 7 で説明します。

3 | パッケージをインストールする

R の最大の強みは、パッケージと呼ばれる関数やデータセットを集めたものを追加することによって機能を拡張できる点にあります。パッケージの導入方法は二つあります。

① 直接コマンドを打つ方法
② メニューバーの「パッケージ」から導入する方法

3.1 直接コマンドを打つ方法

以下のコマンドでパッケージをインストールします。

```
> install.packages ("psych", dependencies=TRUE) # packagesは複数形な
ので注意です。
```

dependencies = TRUE は依存関係にある関連パッケージのダウンロードも含む（TRUE）の意味です。パッケージの名前を「" "」で囲むのを忘れないようにしましょう。（自分の環境に）インストールしたパッケージは、library()で呼び出しできます。

```
> library(psych) # ちなみに、パッケージpsychはよく使います。
```

3.2 メニューバーの「パッケージ」から導入する方法

メニューバーの「パッケージ」から「パッケージのインストール ...」を選択し、表示された「Secure CRAN mirrors」から「Japan(Tokyo) [https]」を選び、OK します。

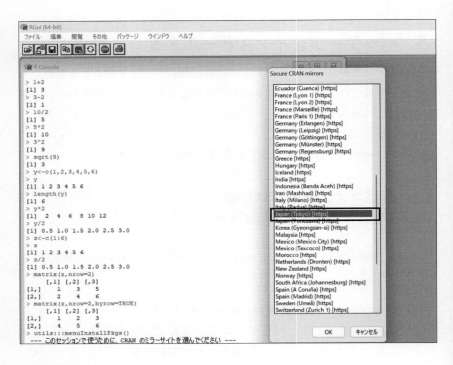

表示された「packages」から「psych」を選んでみましょう。

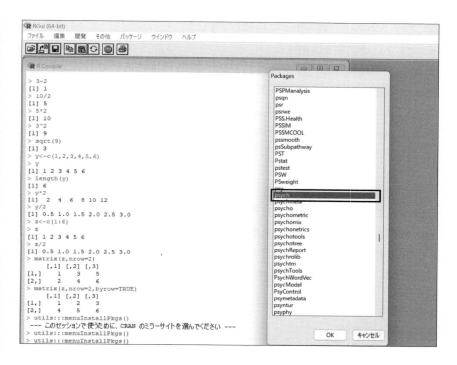

パッケージをうまく読み込めない場合は以下を試してみてください。

- OS を最新の状態にする：Windows の場合、[スタートメニュー] → [設定] → [更新とセキュリティ] → [更新プログラムのチェック] → 「最新の状態です」を確認。
- パッケージを更新する：パッケージに含まれるはずの関数が見つからないと表示される場合には以下を試してみてください。メニューバーの「パッケージ」 → [パッケージの更新 ...] →当該パッケージを選択してOK。

4 R のトラブルについて

　R はプログラミング言語なので、ちょっとしたコマンドの打ち間違いでエラーを返します。それが続くと、だんだんイライラしてストレスが溜まり、途中で投げ出したくなる人も少なくないと思います。そこで、エラーを最小

限に抑えるために、以下の点に注意します。

- 大文字と小文字を区別する。
- コマンドにはなるべく半角英数字だけを使い、# のあとのコメントを除いて漢字・ひらがなは使わない。漢字・ひらがなを使用する場合は、事前に以下に示す「日本語入力が必要な場合に行うこと」の作業を行う。
- R Console はアウトプットの結果確認のための場とし、コマンドは R-エディタ画面で打ち、スクリプトとして保存しておく（Chapter 1 の 4 で説明）。

日本語入力が必要な場合に行うこと：フォントと文字サイズを変更します。手順は、メニューバーの「編集」→「GUI プレファレンス」→下図から、Font を MS Gothic に変更します。文字サイズも [size] から好きな大きさに変更しておきます。最後に OK します。

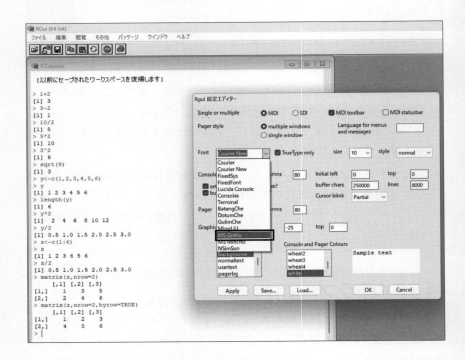

5 困ったときは

よくあるトラブルと解決方法を表にまとめておきます。

作業	困った内容・R からのメッセージ	解決方法
入力	「不正なバイトです。 '<8a>O<93>I' に不正なマルチバイト文字があります」と表示される。	①関数の引数に以下を加える。 fileEncoding = "shift-jis" 例： dat = read.csv("matheng.csv", fileEncoding = "shift-jis") ② Chapter1 の 1.1 を再確認する
ファイル呼び出し	「ファイルがありません ファイル '2ways48_interaction.csv' を開くことができません : No such file or directory コネクションを開くことができません」と表示される。	コンソール画面のメニュー―「ファイル」→「ディレクトリーの変更」で場所を一致させる。
	「エラー：想定外の入力です ("dat = read.csv("" の)」と表示される。	「"」「"」が全角になっていることがあるので半角で打ち直す。
	ファイルを新しく読み込んだつもりが古いものを読み込んでいることに気がつかず、エラーが出ることがあります。	View(dat) で自分が分析しようとしているファイルが何かを確認してみてください。
	コマンドを打つ際にファイルの名前を忘れたり、覚えていてもファイル名を打ち間違えたりしてストレスがたまることも少なくありません。	read.csv(file.choose())
入力	+ + が連続し、先に進めない。	Esc キーおよび Enter キーで脱出する。
	「想定外の文字列定数です。」と表示される。	「,」や「"」の位置がおかしい。足りない、ずれている部分を修正する。
パッケージ	パッケージがありません。	① OS を最新の状態にする。Windows の場合、[スタートメニュー]→[設定]→[更新とセキュリティ]→[更新プログラムのチェック] ② library() で呼び出すことを忘れていませんか。
	「想定外のシンボルです。」と表示される。	半角・全角の確認。特に、「"」「"」が半角になっているか。
関数	関数の引数などを忘れた。	関数の前に ? をつけてアドバイスを待つ。 例：> ?sqrt
	関数を忘れた。	キーワードを ?? の後に打つ。 例：> ??correlation
	使われていない引数 (fielEncoding = "shift-jis") です。	スペリング（綴り）を見直す。 fiel → file
	関数の使い方を知りたい。	example() の () 内に知りたい関数の名前を入れる。

	関数 "wilcox.exact" を見つけること ができませんでした。	パッケージが抜けていないか。 library( ) で再度呼び出す。
関数	「関数 "wilcox.exact" を見つけること ができませんでした。」と表示される。	引数の形式が間違っていないか。たとえば wilcox.exact（a, b）（a と b は列ネーム）を wilcox.exact（dat[, m], dat[, n]）（m, n は 列番号）の形式に変える。
	「関数○○を見つけることができませ んでした。」と表示される。	パッケージをインストールした後に、 library( ) を打ってあるか確認する。

## 第1部

6 便利な関数

- 行列

```
matrix(x, nrow=m, byrow=TRUE) # xは行列のデータフレーム、mは任意の行数
```

グラフを描き、記述統計量を出す
―R エディタを使う―

　R を使ったデータ分析を始めます。本章では、既に作成したファイルを用いて分析する場合を考えます。実際の分析ではデータを直接 R Console や R エディタに書き込む場合よりも、既存の csv ファイルまたは Excel ファイルを呼び出して分析することの方が圧倒的に多いからです。

　使用するデータは本書のサポートサイト https://www.ohmsha.co.jp/book/9784274231025/ から事前にダウンロードしておいてください。

1 csv ファイルの読み込み

1.1　csv ファイルとして保存する

　分析するデータを入れたファイルを、csv 形式（コンマ区切りのデータ形式）で任意の場所に保存しておきます。CSV UTF-8（コンマ区切り）ではないので注意してください。Excel ファイルの場合は、「ファイル」→「名前を付けて保存」から、csv 形式で保存できます（図 1.1）。

図 1.1

1.2 ファイルを呼び出す

1.1 で保存したファイルを R で呼び出します。以下の二つの方法がありますが、日本語入力のあるファイルには①を強くおススメします。文字化けを起こす危険性が大きいからです。

① ファイル名を直接打ち込む方法
② ダイアログボックスでファイルを呼び出す方法

まずは作業ディレクトリ（ディレクトリはフォルダのこと）を設定します。メニューバーの「ファイル」→「ディレクトリの変更 ...」、読み込みたいファイルが保存されているフォルダを選択します（図 1.2）。本書のサポートサイトからダウンロードしたファイルを保存したフォルダなどを設定してください。

図 1.2

正しく設定できたかを確認しましょう。

```
> getwd() # 自分が設定した場所（フォルダ）が以下に表示されれば大丈夫です。
[1] "E:/"
```

① ファイル名を直接打ち込む方法

read.csv() 関数を使って数学と英語の成績のサンプルデータ matheng.csv を dat に代入し、呼び出します。

```
> dat = read.csv("matheng.csv")
```

```
> attach(dat) # この分析では以降このファイルを使います、という意味です。
```

② ダイアログボックスでファイルを呼び出す方法

read.csv( ) 関数と file.choose( ) 関数を使って matheng.csv を dat に代入し、呼び出します。

```
> dat = read.csv(file.choose()) # 開いたダイアログからお目当てのファイルがある場所（フォルダなど）を指定します。
> attach(dat)
```

①の方法ではファイル名を打つメンドクササとそれに伴う間違いの心配がありますが、②の方法ではその心配がありません。その代わりに、②では分析途中にどのファイルを使っているかを R Console 上で確認できないという欠点があります。この場合、View( ) 関数で読み込み中のファイルを表示し、確認できます。V は大文字です。

```
> View(dat) # 図1.3
```

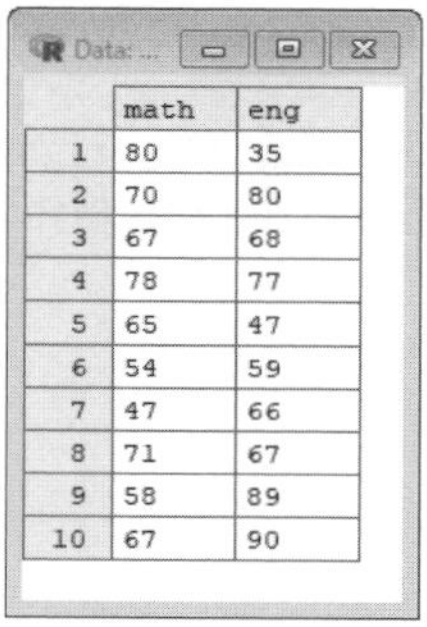

	math	eng
1	80	35
2	70	80
3	67	68
4	78	77
5	65	47
6	54	59
7	47	66
8	71	67
9	58	89
10	67	90

図 1.3

もし、②の方法でファイルを指定したにもかかわらず読み込む際にエラーが出る場合は、①のコマンドを以下のように指定・呼び出し直してください。なお、fileEncoding = "shift-jis" は文字コードを指定しています。

```
> dat = read.csv("matheng.csv", fileEncoding="shift-jis")
```

2 グラフを描く

ファイルを呼び出せたら、グラフを描いてデータの全体像を把握しましょう。ここではヒストグラム、箱ひげ図、散布図を描きます。

2.1 ヒストグラム

ヒストグラムは、データの頻度を任意の間隔（階級値）で**可視化**したもので、hist()関数を用いて描きます。

関数を実行する上で必要な情報である**引数**は「対象データフレーム , breaks = seq(最小値 , 最大値 , 階級値), right = FALSE」のようにします。

right = FALSE はグラフの階級幅を指定します。FALSE にするとデータの値 80 は 80 ～ 90 の階級値のセルに含まれますが、TRUE にすると 71 ～ 80 の階級値のセルに含まれます。

言い換えると、FALSE だと階級値のセル幅は 40 ～ 49，50 ～ 59，60 ～ 69，70 ～ 79 の区分（図 1.4）ですが、TRUE だと 41 ～ 50，51 ～ 60，61 ～ 70，71 ～ 80 の区分（図 1.5）になります。一般的には前者の方が見やすいように思います。

```
> hist(math, breaks=seq(30, 100, 10), right=FALSE) # seq(30, 100, 10)
の意味は横軸の最小値30、最大値100、階級値10の意味です。
```

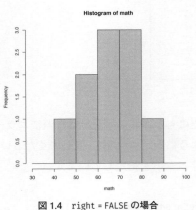

図 1.4　right = FALSE の場合

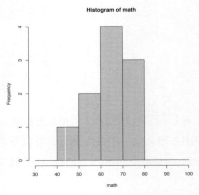

図 1.5　right = TRUE の場合

できたグラフを保存する手順は、グラフを選択した状態で「ファイル」→「別名で保存」→「Jpeg」→「100% の品質」です（所望の画像形式で保存してください）。

色を加えて階級間の境界の色を変えてクッキリ見せましょう。色は col で、境界の色は border で指定します。" " で囲むのを忘れないようにしましょう。なお、紙面では 1 色なので、自分の PC で試してみてください。

```
> hist(math, breaks=seq(30, 100, 10), col="lightblue", border="blue",
right=FALSE) # 図1.6
```

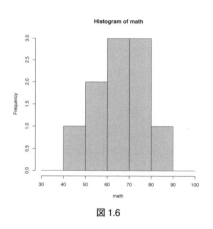

図 1.6

続いて英語のグラフを描いてみましょう。

```
> hist(math, breaks=seq(30, 100, 10), right=FALSE) # 図1.7
```

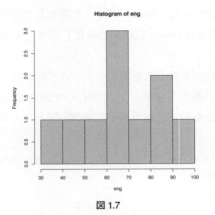

図 1.7

次に、英数の二つのグラフを並べて分布の違いをよりハッキリ示します。そのためには、par( ) 関数を使います。「c」を忘れないように。

```
> par(mfrow=c(1, 2)) # c(1, 2)は、1行2列で描いてくれ、の意味です。
```

数学のヒストグラムを描いたコマンドを、カーソルキーの上「↑」で再現します。こちらの方が省エネですね。1回「↑」を押せば直前のコマンドが、2回押せば二つ上のコマンドが再び現れます。便利ですね。

```
> hist(math, breaks=seq(30, 100, 10), right=FALSE)
> hist(eng, breaks=seq(30, 100, 10), right=FALSE)
```

綺麗に横に並びました（図1.8）。これがエクセルだと、なかなかメンドクサイのですね。

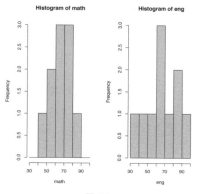

図 1.8

2.2 箱ひげ図

ここまで、一変量（数学 or 英語）のグラフ描画について学んできました。ここからは 2 変量の関係を可視化するグラフを学びます。

箱ひげ図は、boxplot() 関数を用い、引数にはそれぞれの変数（math、eng）を、「,」を挟んで並べます。

```
> boxplot(math, eng)
```

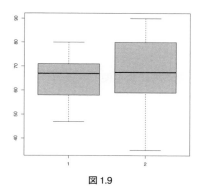

図 1.9

箱ひげ図の見方を以下に説明します。箱の上辺と下辺がそれぞれ第 3 四分位偏差（データの下から 4 分の 3（上から 4 分の 1）に位置する値）と第 1 四分位偏差（データの下から 4 分の 1 に位置する値）、中央の太い線が中

央値（第2四分位偏差）、上下のバーが最大値・最小値です。

horizontal（平行な）＝TRUE を関数に追加すると、箱ひげ図の向きを変えて表示できます。

```
> boxplot(math, eng, horizontal=TRUE) # 図1.10
```

凡例（math、eng）が消えてしまったら、次のコマンドで名前を付けられます。

```
> boxplot(math, eng, names=c("math", "Eng"), horizontal=TRUE) # 図1.11
```

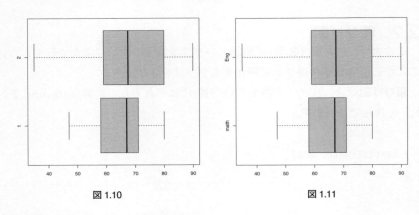

図 1.10　　　　　　　　　　　　　　　図 1.11

2.3　散布図

変量どうしの関係を見るのによく使われるもう一つのグラフは散布図です（図 1.12）。plot( ) を用いて、引数は変数名（列名）を入れます。

```
> plot(math, eng)
```

枠に閉じ込められた閉そく感を避けたい読者は frame.plot＝FALSE で枠を消せます（図 1.13）。

```
> plot(math, eng, frame.plot=FALSE)
```

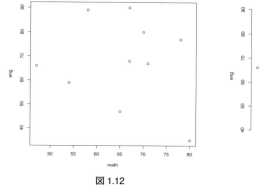

図 1.12

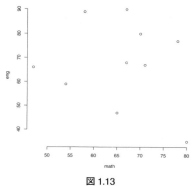

図 1.13

　このあたりが R のグラフの強みです。さらに対角線を描くことで変数の関係性を示せます（図 1.14）。既存の散布図に対角線など直線を追加する関数は abline( ) を用います。また、ここで縦軸と横軸の目盛り（英数の素点）を合わせたいと思います。縦軸は ylim = c(最小値 , 最大値)、横軸は xlim = c(最小値 , 最大値) で修正します。

```
> plot(math, eng,frame.plot=FALSE, ylim=c(40, 100), xlim=c(40, 100))
> abline(a=0, b=1, lty=1) # aは切片、bは傾き、lty=1は実線を示します。
lty="solid"と書くこともできます。
```

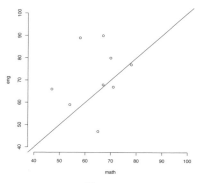

図 1.14

3 記述統計量を出す

英語と数学の分布の全体像が可視化によってつかめたところで、記述統計を調べます。記述統計量とはデータを代表する平均値、中央値とデータのバラつき具合を示す標準偏差（平均値からのばらつきの指標）や四分位偏差の総称です。たとえば、数学の平均値を知りたければ、以下のようにします。

```
> mean(math) # 数学の平均は
[1] 65.7
> mean(eng) # 英語の平均は
[1] 67.8
> median(math) # 数学の中央値は
[1] 67
> median(eng) # 英語の中央値は
[1] 67.5
> min(math) # 数学の最小値は
[1] 47
> min(eng) # 英語の最小値は
[1] 35
> max(math) # 数学の最大値は
[1] 80
> max(eng) # 英語の最大値は
[1] 90
```

一つひとつを入力して確認するのは手間がかかるので summary( ) 関数を使います。summary( ) は五数要約＋平均値を算出してくれる便利な関数です。

五数とは、最小値（Min.）、第一四分位偏差（1st Qu.）、中央値（Median）、第三四分位偏差（3rd Qu.）、最大値（Max.）です。第1四分位偏差はデータの下から4分の1の区切りの値、第3四分位偏差はデータの下から4分の3の区切りの値のことです（図1.9）。

```
> summary(math) # 数学の要約統計量
   Min. 1st Qu.  Median    Mean 3rd Qu.    Max.
  47.00   59.75   67.00   65.70   70.75   80.00
```

```
> summary(eng) # 英語の要約統計量
   Min. 1st Qu.  Median    Mean 3rd Qu.    Max.
  35.00   60.75   67.50   67.80   79.25   90.00
> summary(dat) # これだと一発ですね。
      math            eng
 Min.   :47.00   Min.   :35.00
 1st Qu.:59.75   1st Qu.:60.75
 Median :67.00   Median :67.50
 Mean   :65.70   Mean   :67.80
 3rd Qu.:70.75   3rd Qu.:79.25
 Max.   :80.00   Max.   :90.00
```

　最後に、棒グラフで英数の平均値の差を可視化します。平均値を行列に変換してから barplot() で棒グラフを描きます。

　行列に変換するには matrix() を用いて、それを変数 mat に代入します（準備 2.3 を参照）。

```
> mat = matrix(c(65.7, 67.8), ncol=2, byrow=TRUE)
> colnames(mat) = c("math", "eng") # 列名にラベルをつけます。「c」を忘
れないように。
> mat
      math  eng
[1,] 65.7 67.8
> barplot(mat, xlab="教科", ylab="平均", ylim=c(0, 70))
```

　横軸は xlab = " "，縦軸は ylab = " " で名前をつけ、縦軸の目盛り範囲は ylim = c() で指定します。変数ごとに色を変えたければ、beside（加えて）を使って、色を col = で指定します（図 1.16）。

```
> barplot(mat, xlab="教科", ylab="平均", ylim=c(0, 70), beside=TRUE,
col=c("cyan", "blue"))
```

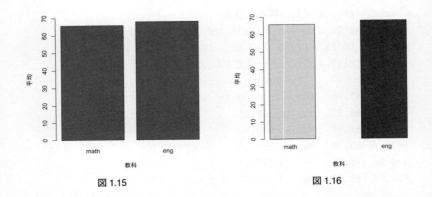

図 1.15　　　　　　　　　　　　　　　　　　図 1.16

4 Rエディタを使う

4.1 どうしてRエディタも併用するのか

「2　グラフを描く」、「3　記述統計量を出す」では、R Console でコマンドを打ち（指示を出し）、同時に R Console で実行結果を確認しました。

しかし、**Rエディタからコマンドを打ち、あるいは保存済みのRスクリプトを呼び出して実行し、R Console は実行結果を確認する場としてだけ利用することを強くおススメします。**指示を出すのはRエディタ、実行結果を確認するのは R Console と役割分担させるという意味です。

なぜなら、Rエディタで書いたスクリプト（コマンドのまとまりのこと）は保存して再利用できるので、同様の作業を頻繁に使うRではコマンドを打つ手間が省け、結果としてミスと作業時間を大きく減らせるからです。

Rは関数の数だけ機能があり、関数を覚えていないとRを使えない、あるいはRの良さを体感できないという不便さも併せもっています。しかし、一度使った関数（コマンド）を適切なコメントとともにスクリプトとして保存しておければその不便さを一定程度解消できます。

この機能は、マウス操作を基本とする Excel や SPSS との決定的な違いであり、同時にRの最大の強みといってもいいかもしれません。Rがプログラミング言語としての要素が強いといわれるゆえんです（山田・杉澤・村井, 2008）。

4.2 Rエディタを開く、実行する

Rエディタを開くには、メニューバーの「ファイル」→「新しいスクリプト」（図1.17）とします。

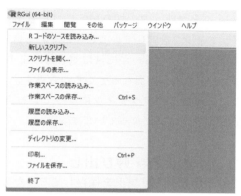

図 1.17　Rエディタを開く

　Rエディタで書いたコマンドを実行させるには**コマンドが1行の場合はコマンド末でF5キーを押す**、**2行以上の場合はコマンドを反転させ、F5キーを押します**（または、**右クリックをして「カーソル行または選択中Rコードを実行」を選択**します）。図1.18に後者の方法で、「3　記述統計量を出す」場合のRエディタとR Consoleの実際の画面を示します。

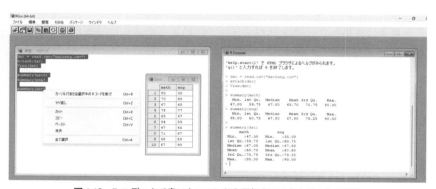

図 1.18　Rエディタで書いたコマンドを反転させて右クリックで実行

筆者は PC 画面左側に R エディタを開き、右側に R Console を開いています（もちろんその逆でもいいです）。同時に、テキストファイルを開いて、メモや一時コピーの場として補助的に使います。そうすることで作業のスピード感と快適感が各段にアップします。

なお、R Console と R エディタの切り替えには注意を要します。どちらのウインドウ（グラフィックを開いているときはそれも含めて）がアクティブになっている（選択されている）かに常に気を付けます。それによって、使えるメニューコマンドの内容が異なってくるからです。ウインドウ上部のブルーが濃くなっているほうがアクティブになっている目印です。図 1.18 では、R Console がアクティブになっています。

4.3　R スクリプトの保存・呼び出し

R エディタで作成した R スクリプトを保存しておくためには、メニューバー「ファイル」→「別名で保存」、保存してある R スクリプトを使う場合は「ファイル」→「スクリプトを開く」です（拡張子が R のものを探します）。ぜひ、R エディタと R Console を使い分けて R のサクサク感を楽しんでください。

4.4　R エディタを使った実際

TOEIC（Test of English as International Communication）のリスニングテスト（part 1-4）とリーディングテスト（part 5-7）を大学生 497 人を対象に実施した結果を rl.csv ファイルにまとめました（満点はそれぞれ 495 点です）。

リスニングテストとリーディングテストそれぞれの基本統計量を summary( ) を使って求めてみましょう。

1. rl.csv を自分の PC 内の適当な場所に保存し、「ファイル」→「ディレクトリの変更」でその場所を指定します（1.2 参照）。
2. 「ファイル」→「新しいスクリプト」を開き、以下を入力します。

```
dat = read.csv("rl.csv")
attach(dat)
View(dat)
```

3. View(dat) までの 3 行を反転して実行し、表示されるウインドウで全体
   像を確認します（図 1.19）。

	L	R
1	190	230
2	150	85
3	450	435
4	190	95
5	225	190
6	250	145
7	215	160
8	175	90
9	235	130
10	175	75
11	170	145
12	245	215
13	160	100
14	185	280
15	135	105
16	175	100
17	225	165
18	175	195
19	140	160

図 1.19

4. R エディタ上で summary(dat) と打ち、その行を選択し F5 キーを押し、
   実行します。実行結果を R Console で確認します（図 1.20）。

```
summary(dat)
```

図 1.20　rl.csv ファイルの summary( ) 結果

5. R スクリプト（図 1.20 左側）を「ファイル」→「別名で保存 ...」で保
   存します。

5 類題

4.4 で用いた TOEIC のテスト結果（rl.csv ファイル）をヒストグラム（1
行に並べて）、箱ひげ図、散布図にして描いてみましょう。
使用ファイル：rl.csv

6 便利な関数

```
# データの呼び出し
dat = read.csv("*.csv")
dat = read.csv("*.csv", fileEncoding="shift-jis") # 漢字・ひらがなを
使用しているファイルの場合
dat = read.csv(file.choose())
attach(dat)


# 記述統計
summary(dat) # 五数要約＋平均値


# グラフ
boxplot(x, y) # 箱ひげ図
plot(x, y) # 散布図
barplot(mat, ylim=c(a, b))
hist(dat, breaks=seq(l, m, n), right=FALSE) # ヒストグラムl, m, nはそ
れぞれ最小値，最大値，階級値
```

Chapter 2

統計分析はじめの一歩
—標準化と統計的仮説検定—

Chapter 1 では、2 変量、たとえば英語と数学の得点の関係性を可視化する方法を学びました。Chapter 2 ではテストで表現される一定の学力をもつ生徒が、集団内でどのような位置にあるかを知る方法を学びます。

1 | Theory

Chapter 1 の英語と数学のテストのように、異なる難易度をもつ複数のテスト得点情報を基に人の能力を集団内で比較するためにはどのようにしたらよいのでしょうか。

各テストの素点を単純に合計する方法ですと、平均値の高い、やさしいテストの教科の重みづけが自ずと高くなってしまう一方で、平均値が低い、難しいテストの教科が相対的に軽くなってしまうという問題が起こります。これでは、特定の教科を重視し特定の教科を軽視していることになってしまいます。

そこで、素点を標準化するという作業を行い、そうしたアンバランスを解消します。標準化とは、平均値を 0、標準偏差（平均値からのばらつきの指標；standard deviation, *sd*）を 1 とする尺度に個別のデータ（得点）を変換することです。

標準化することで、母集団（全体）の中での個別の得点の相対的な位置を知ることができます。結果として個別のテストの素点はもはや意味をもちません。変換されたテストの得点のことを標準得点と呼びます。

標準得点は以下の式で求められます。

$$\text{標準得点 }(z) = \frac{\text{素点}-\text{平均}}{\text{標準偏差}} \qquad (2.1)$$

式 (2.1) が示すように、標準得点とは特定の受験者の素点と平均値との差（偏差）が集団の標準偏差のいくつ分あるかを示しています。0.5 なら標準偏差の半分、1 なら標準偏差の一つ分、2 なら二つ分です。z は概ね $-3 \sim 3$ の値をとります。これによって、ある受験者が集団内でどの程度平均的であるか（フツーであるか）、目立っているかを知ることができます。

偏差値はこの標準得点 (z) を基に算出します。具体的には、z に 10 を掛けて整数化し、それに 50 を加えたものが偏差値です。つまり、

$$\text{偏差値} = \frac{\text{素点}-\text{平均}}{\text{標準偏差}} \times 10 + 50 \qquad (2.2)$$

です。ある受験者の得点が平均値と同じなら、式 (2.1) からその受験者の標準得点 (z) は 0 になり、式 (2.2) より偏差値は 50 となります。

2 研究課題

あなたは塾で中学生 10 人に英語と数学と理科を教えています。ある日、あなたは 3 教科のテストをして上位 3 名のみにご褒美のスタンプをプレゼントすると生徒たちに約束しました。結果は図 2.1 のようになりました。どの 3 名にスタンプをプレゼントすべきでしょうか。なお、順位の決定方法は 3 教科の単純合計点ではなく、3 教科で表現される「学力」の上位 3 名であると生徒には伝えてあります。

	A	B	C
1	math	eng	scie
2	80	35	55
3	70	80	60
4	67	68	70
5	78	77	86
6	65	47	60
7	54	59	70
8	47	66	45
9	71	67	66
10	58	89	55
11	67	90	50

図 2.1　mathenscie.csv（math：数学、eng：英語、scie：理科）

2.1 データの読み込み：記述統計と可視化

2.1.1　データの読み込み

mathenscie.csv を保存した場所を R Console のメニュー「ファイル」
→「ディレクトリの変更」で指定し、以下のコマンドを実行しておきます。
なお、R エディタでコマンドを打つ場合は、コマンド先頭の「>」は不要です。

```
> dat = read.csv("mathengscie.csv") # 図2.1のcsvファイルを読み込みま
す。
> attach(dat)
```

2.1.2　記述統計

メニューバー「パッケージ」→「パッケージのインストール」で psych を
インストールします。一度インストールしたら、次回からは、library(パッケー
ジ名) で呼び出せます。

```
> library(psych) # パッケージの読み込み確認。
> describe(dat) # describe()は基本統計量を出してくれる関数。
      vars  n mean    sd median trimmed   mad
math     1 10 65.7 10.29   67.0   66.25  9.64
eng      2 10 67.8 17.53   67.5   69.12 16.31
scie     3 10 61.7 11.82   60.0   60.75 11.86
     min max range  skew kurtosis    se
```

```
math  47  80    33 -0.33   -1.12 3.25
eng   35  90    55 -0.41   -1.07 5.54
scie  45  86    41  0.53   -0.65 3.74
```

いろいろな統計量が表示されていますが、ここでは標準偏差と平均値だけに着目してください。mean が平均値、sd が標準偏差です。教科ごとの平均値と標準偏差（sd）を表 2.1 に整理しておきます。

表 2.1

教科	平均値（標準偏差 sd）
math（数学）	65.7（10.29）
eng（英語）	67.8（17.53）
scie（理科）	61.7（11.82）

2.1.3 可視化

箱ひげ図と棒グラフでデータを概観します。棒グラフはエラーバーつきの図のほうが適しています（Chapter 13 の 3.2）が、ここではシンプルな棒グラフを描きます。

まずは箱ひげ図を描いて、英数理の様子をザックリ見てみましょう。

```
> boxplot(dat)
```

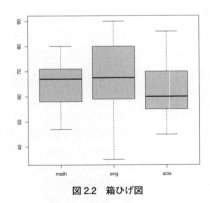

図 2.2　箱ひげ図

箱の縦の長さから、英語の得点のバラつきが数学と理科に比べて大きいことがわかります。これは英語の標準偏差（*sd*）が数学や理科のそれより大きいこと（表2.1）と一致します。

　次に、表2.1の結果（各教科の平均値）を示す棒グラフを barplot() で描きます。barplot の第1引数は行列型データでした。そこで、matrix() を使って行列を作り、mat に代入します。

```
> mat = matrix(c(65.7, 67.8, 61.7), ncol=3)
```

colnames() で列の名前（教科）をつけます。

```
> colnames(mat) = c("math", "eng", "scie")
> mat # 行列を確認します。
     math  eng scie
[1,] 65.7 67.8 61.7
```

barplot() の第1引数に mat を入れて棒グラフを表示します。色の追加指定も行います。

```
> barplot(mat, beside=TRUE, col=c("lightblue", "lightcyan",
"lavender"))
```

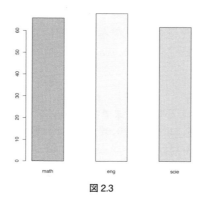

図2.3

beside = TRUE は変数によって色を変えたいときなどに使います。色は " "

で囲みます。657種類の色が用意されており、どんな色があるか知りたい場合は colors() で知ることができます。

```
> colors()
 [1] "white"            "aliceblue"
 [3] "antiquewhite"     "antiquewhite1"
 [5] "antiquewhite2"    "antiquewhite3"
 [7] "antiquewhite4"    "aquamarine"
（以下、省略）
```

2.2 標準化と偏差値

2.1の作業によりデータの全体像が見えてきたところで、10人それぞれの教科別標準得点を求め、nscale に代入します。

```
> nscale = (dat[1:10, 1] - 65.70) / 10.29
> nscale
 [1]  1.38969874  0.41788144  0.12633625
 [4]  1.19533528 -0.06802721 -1.13702624
 [7] -1.81729835  0.51506317 -0.74829932
[10]  0.12633625
```

dat[] の中はカンマの左が行、右が列を示します。「:」は1〜10行に渡るすべての行を対象とするという意味です。したがって、nscale には数学（1列目）の10人分の標準得点（z）が入ります。

桁数が多いと見づらくなるので、round() を使って小数点を四捨五入しておきます。

```
> round(nscale, 2) # 小数点2位まで表示します。
 [1]  1.39  0.42  0.13  1.20 -0.07 -1.14 -1.82
 [8]  0.52 -0.75  0.13
```

たとえば、図2.1先頭行の生徒の数学の素点80点は、標準得点に換算すると1.39になることがわかりました。同様に英語の標準得点を算出しましょう。nscaleE に代入します。E は英語（English）を意味します。

```
> nscaleE = (dat[1:10, 2] - 67.8) / 17.53
> round(nscaleE, 2)
 [1] -1.87  0.70  0.01  0.52 -1.19 -0.50 -0.10
 [8] -0.05  1.21  1.27
```

同様に理科の標準得点を nscaleS に代入します。S は科学（science）を
意味します。

```
> nscaleS = (dat[1:10, 3] - 61.7) / 11.82
> round(nscaleS, 2)
 [1] -0.57 -0.14  0.70  2.06 -0.14  0.70 -1.41
 [8]  0.36 -0.57 -0.99
```

各教科の標準得点が出そろったところで、結局、上位3人はどの生徒でしょ
うか。それぞれの科目の標準得点を合計します。

Rank	ID	math	eng	scie	sum
1	4	78	77	86	241
2	2	70	80	60	210
3	10	67	90	50	207
4	3	67	68	70	205
5	8	71	67	66	204
6	9	58	89	55	202
7	6	54	59	70	183
8	5	65	47	60	172
9	1	80	35	55	170
10	7	47	66	45	158

Rank	ID	math	eng	scie	sum
1	4	1.2	0.52	2.06	3.78
2	2	0.42	0.7	-0.14	0.98
3	3	0.13	0.01	0.7	0.84
4	8	0.52	-0.05	0.36	0.83
5	10	0.13	1.27	-0.99	0.41
6	9	-0.75	1.21	-0.57	-0.11
7	6	-1.14	-0.5	0.7	-0.94
8	1	1.39	-1.87	-0.57	-1.05
9	5	-0.07	-1.19	-0.14	-1.4
10	7	-1.82	-0.1	-1.41	-3.33

図2.4　左側：素点合計による順位、右側：標準得点合計による順位

2.3　結果とまとめ

　図2.4の左側が英数理の素点を単純合計した場合の順位（Rank）で、右
側が各教科の標準得点を合計した場合の順位です。

　網掛けをした3人（ID1、ID5、ID10）の順位に変動が見られます。たとえば、
ID10は3教科の単純合計点では10人中3位でしたが、標準得点では5位
に下がりました。

　結果として、スタンプをもらえる生徒はID2、ID3、ID4の3人です。

3 確率密度

素点を標準化することで個人の集団内での相対的な位置を知ることができることを学びました。これは、それぞれの標準得点が標準正規分布に従った**確率分布（密度）**を表しているからです（吉田, 1998, p.135）。

たとえば、受験者 ID3 の数学の標準得点 0.13 からその生徒のクラス全体での位置を知ることができます。巻末に掲載した別表 1 左列から z 得点 0.13 を探し、それを横に読みます。すると p 値 0.448 が見つかります。

0.448 の意味は、標準得点 0.13 は全体の上から 44.8% の位置にあるということです。言い換えると、その生徒の下には全体の約 55.2% の生徒が存在することを示します。

R では pnorm( ) を使うことで簡単にこの情報が入手できます。p は proportion（比率）、norm は normal distribution（正規分布）の意味です。第 1 引数には標準得点（z）を入れます。

標準得点を z に代入し、pnorm( ) を実行します。

```
> z = 0.13
> pnorm(z, lower.tail=FALSE)
 [1] 0.4482832
```

ここで、lower.tail = FALSE は、この受験者よりも下（lower）の受験者ではなくて（False）、上にいる人の割合を返す、という意味です。つまり、上から何%の位置にいるかを知りたいときに使います。

ID3 の上位には約 44.8% いるようです。これは別表 1 の数値と一致します。標準得点 0.13 からも平均値 (0) より少し上の位置にいることがわかり、その生徒が上から 44.8% の位置にあることは直観とも一致します（図 2.5）。

逆に下側にいる人（標準得点 0.13 より低い人）の割合を知りたい場合は、単に以下のようにします。

```
> pnorm(z)
[1] 0.5517168
```

pnorm(z) の値（＝0.552）と pnorm(z, lower.tail = FALSE) の値（＝0.448）を足すと 1 になりますね。以上の関係を curve() で図 2.5 に示します。つまり、確率分布である正規分布では確率を面積で表しているわけです。

```
> curve(dnorm(x, mean=0, sd=1), from=-3, to=3)
> abline(v=0.13)
```

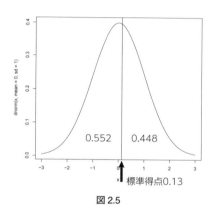

図 2.5

curve() は曲線を描くときに用いる関数で、引数 dnorm は標準得点に応じた正規分布の場合の**確率密度**（図 2.5 の縦軸）を返します。dnorm の d は density（密度）の意味です。確率密度に実際の確率変数（*x* 軸）の幅をかけることで求められるのが確率です。ちょうど、人口密度に面積を掛けると人口が求められるのと同じです（山田・杉澤・村井, 2008, p.85）。

abline() は直線を追加するための関数です。v は垂直（vertical）な直線を加えたいとき、水平（horizontal）な直線を加えたければ h で指定します。

4 仮説検定の基本

前節 3 で学んだような確率分布・密度の考え方に沿って、ある事象が起きるか起きないかを確率的に判断する方法を統計的仮説検定といいます。

4.1 統計的仮説検定

統計的仮説検定とは、母集団の平均値や比率の推定値とサンプルから求めた値から統計量（t 値やカイ 2 乗値）を割り出し、母集団の平均値や比率に「差がある」かどうかを確率的に判断する行為です。**母集団**とは手元のサンプルの背後にある調査者が知りたい全体像のことです。たとえば、著者が教えている大学生 40 名はサンプルに相当しますが、その背後にいる多くの大学生が母集団です。

では、どのようにして「差がある」のを確率的に判断するのでしょうか。具体的には、母集団間で統計的に差がないという前提（**帰無仮説**）を設定して、得られた t 値やカイ 2 乗値の統計量から求められる確率（p 値）が基準値より小さいなら（通常 5％以下に設定され**有意水準**と呼ばれます）、きっとその前提が間違っているに違いない、つまり母集団の平均値や比率に差があるに違いないと考えるわけです。ここで、「得られた統計量から求められる確率」とは、得られた統計量よりも（絶対値が）大きい値が得られる確率のことを意味します。そして、その確率は t 分布やカイ 2 乗分布という確率分布で決まっていて、分布上、面積で示されます。

例えば、図 2.6 は自由度 496（自由度の説明は Chapter3　3.4）の t 値の確率分布（t 値に応じた確率）を表します。仮に、統計的仮説検定を行って t 値が 1.96 であれば、前提（帰無仮説）が正しいとしたとき、得られた t 値が |1.96| よりも大きな値（$t < -1.96$ または $t > 1.96$）となる確率は色で塗られた面積の部分に相当します。これは、面積全体に占める割合の 5％です。したがって前提（帰無仮説）を棄却し、対立仮説を採択します。反対に、t 値から求められる p 値が有意水準（5％）を超えていれば、前提（帰無仮説）を保持し暫定的に母集団間で「差がない」と考えます。

ただし、仮にもっと多くのサンプルが得られた場合に、t 値が大きくなって p 値が小さくなり（$p < .05$）有意となる可能性が依然として残されているために、統計的仮説検定で「母集団の間に差がない」ことを完全に証明することはできません。「帰無仮説を保持」といったのは、「今得られたデータからは帰無仮説を棄却はできない」という消極的な意味をも含んでいます。

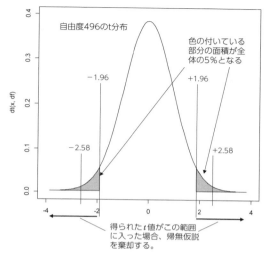

図 2.6

4.2 効果量

しかし、こうした「差が有意であるかないか」という二項対立的な捉え方をする統計的仮説検定には、疑問と反省が呈せられています。それには大きく三つの理由があります。

第1に、有意か有意でないかという二分法の考え方に無理があるからです。p 値が 0.051 なら有意でなく帰無仮説「差がない」を採択するのに対し、p 値が 0.049 ならば有意とし帰無仮説を棄却するという二分法がどこか恣意的だからです。これには、そもそも有意水準（たとえば5%）には科学的根拠がないことが影響しています。

第2に、統計的仮説検定における有意水準（1%または5%）や p 値は二つの変量の違いの大きさについては何ら情報を与えてくれないからです。帰無仮説が棄却されても、それは当該の二つの平均値や比率に統計上の有意差があることを示したにすぎません。それを、あたかも5%水準よりも1%水準で棄却されればそれだけ大きな差があるかのように解釈するのは間違っているのです（中村・松井・前田, 2014）。

第3に、帰無仮説検定の結果はサンプルサイズに依存するからです。サンプルサイズが大きくなれば検定結果は一般に有意になりやすくなります。

これは、帰無仮説が「（母）平均が等しい」という狭い範囲のことしかいえないのに対し、対立仮説は「任意の値を取りうるという意味で無限の可能性」（繁桝・柳井・森，2008, p.74）があることによります。母平均とはサンプルの背後にある集団の平均です。繁桝・柳井・森（2008, p.74）はこの帰無仮説と対立仮説の関係性を非対称であるとしています。

　そこで、効果量の登場です。効果量とは量的変数の場合、平均の差を散布度（標準偏差）で割って標準化することで**平均の差を相対的に評価した指標**です。したがって、効果量はサンプルサイズに依存せず、実質的な差の大きさを伝えてくれます。検定結果が統計的に有意であるかないかにかかわらず、効果量を示し、差が実質的にどの程度大きなものであるかを検討することが統計的仮説検定では欠かせないプロセスの一つとなっています。

4.3　二つの過誤と検定力

　効果量を提示・検討することに加えて留意しておくべき点は、統計的仮説検定には本質的に二つのタイプの誤りが伴うということです。

　「**第1種の過誤**」（Type I error）は、本当は帰無仮説が正しい、「差がない」にもかかわらず、それを棄却し「差がある」としてしまう誤りです。通常、研究者は差が出ることを期待するのでこの第1種の過誤に陥りやすいという自覚が必要です。もう一つの誤りは、本当は帰無仮説が誤っている、「差がある」にもかかわらず、帰無仮説を保持し「差がない」としてしまう誤りです。これを「**第2種の過誤**」（Type II error）と呼びます。

　そこで、調査や実験を計画するにあたっては、適切な検定力を定め、必要かつ現実的なサンプル数を確保します。検定力とは対立仮説（差があるとする仮説）が正しいときに対立仮説を正しく採択する確率のことです。検定力は有意水準、サンプル数、効果量で規定されます（山田・杉澤・村井, 2008）。

　したがって、期待する検定力（たとえば $>.8$）を想定し、有意水準（$p < .05$）と先行研究などから想定される効果量を定めることで必要なサンプルサイズは自ずと決まってきます。具体的なサンプルサイズの算出方法に関してはChapter 4とChapter 8のコラムを参照してください。

4.4　信頼区間

　統計的仮説検定のもう一つの目的は**区間推定**です。区間推定とは、推定値の不確かさを考慮して推定結果に幅をもたせることです。そうして推定されたサンプルの背後にある母集団の統計量——母数の期待値が存在する可能性が高い幅（区間）のことを**信頼区間**（confidence interval, CI）と呼びます。たとえば、95% の信頼区間を設定する場合、母数の期待値が信頼区間に存在する可能性は 95% です。

5 | 尺度

　統計的仮説検定を行う際に最初に考えるべきことは、対象のデータがどのような性質をもつ尺度であるかということです。

　データ（変数）は大きく分けて、**量的変数**と**質的変数**に分かれます。量的変数には**比率尺度**と**間隔尺度**、質的変数には**順序尺度**と**名義尺度**があります。

　量的変数の比率尺度と間隔尺度の違いは、比率尺度には絶対ゼロが存在するのに対し間隔尺度には絶対ゼロがないという点です。たとえば、比率尺度である長さ 40 cm は 20 cm の 2 倍長いといえますが、間隔尺度である気温 40℃が 20℃の 2 倍暑いとはいえません。実際、40℃と 20℃を華氏に置き換えるとそれぞれ華氏 104 度と 68 度になり、2 倍の関係にはなっていません。

　これは、間隔尺度が差だけを問題にする尺度であるのに対し、比率尺度は絶対ゼロをもつことで倍数関係も表していることによります（中村・前田・松井, 2014）。ただし、仮説検定の際に間隔尺度と比率尺度を区別することは実際上ほとんどありませんので安心してください。

　一方、質的変数の順序尺度と名義尺度の違いは明確です。順序尺度は文字通りある値の集団内での順位を表すのに対し、名義尺度はカテゴリに属する頻度数を表します。順序尺度はむしろ、間隔尺度との違いが重要です。順序尺度が全体の中での順位だけに（たとえば中央値）着目するのに対し、間隔尺度は値と値の差（たとえば平均値との差＝偏差）にも着目します。ただし、3 件法や 4 件法の場合など間隔尺度の間隔が等間隔ではないと判断される場合は、間隔尺度を順序尺度に落として仮説検定を行う（Chapter 5）ことがあります。表 2.1 に四つの尺度をまとめます。

表 2.1　四つの尺度

	尺度	定義	例	分析方法
量的変数	比率尺度	等間隔であり絶対ゼロをもつ	身長・体重	パラメトリック分析（t 検定など）が主
	間隔尺度	等間隔	温度・テストの得点	
質的変数	順序尺度	差を問題としない	順位	ノンパラメトリック分析（マン・ホイットニーの検定など）が主
	名義尺度	グループ化	頻度データ（カテゴリーごとの数）	

6　便利な関数

```
describe(dat) # パッケージpsychが必要
boxplot(dat)
barplot(mat) # matは行列型
z=m # mは任意の値（一般に、-3<m<3）
pnorm(z) # z値より下側にいる人数
```

7　類題

問1　以下の尺度は表 2.1 の四つの尺度のうちどれですか。

好きなスポーツ

1 週間の平均睡眠時間

最終学歴

東京の年間降水量

桜の平均開花日

問2　200 人が何秒間息を止めていられるかデータを集めたところ、平均値が 48.7 秒、標準偏差が 16.3 秒でした。40 秒間息を止めていられた人の偏差値を求めましょう。また、分布が完全に正規分布に従っていると仮定した場合、40 秒以上息を止めていられた人は 200 人中何人くらいいると推定されますか。（吉田, 1999）

## Chapter 3

同じ人の異なるテストの平均点を比較する

―TOEIC の Reading と Listening はどちらが難しいのか―

1 Theory

　同じ人の異なるテスト——英語と数学の得点に統計的に有意な差があるかどうかを調べるときにはどうしたらよいのでしょうか。一般に、2条件（群）の量的変数（Chapter 1）間で統計的に有意な差があるかどうかを調べるときには、**t検定**がよく用いられます。t検定は母集団における平均値の差に**t分布**という確率分布を想定し、確率密度（面積の大きさ）で有意性を判断します。

　t検定の場合、比べる2条件のデータが同じ人のものか異なる人のものかを見極める必要があります。例えば、同一人物に薬を投与した前後の効果を調べるときには**対応のあるt検定**、既往歴のある人とない人に薬の効果に違いがあるかどうかを調べたいときには**対応のないt検定**です。対応のある人＝同じ人、対応のない人＝異なる人と覚えておけばいいでしょう。

　「対応のあるt検定」を行うには前提条件があります。それは、分布の正規性です。正規性とはデータの分布が平均値周辺で最も密になり、平均値から離れるほどに分布が山なりに疎になっていくような分布のことです。自然現象の多くがこの分布に従うことが知られています。この正規性が満たされていないと判断する場合はt検定以外の手法を用います（Chapter 5）。

2 研究課題

TOEIC のリスニングセクション（Part 1-4）とリーディングセクション

（Part 5-7）はどちらが難しいのでしょうか。そこで、497 名の大学生を対象に調べました。ここではリスニングセクションとリーディングセクションを異なるテストとして扱います。

3 | 分析の手順

| 1 データの読み込み | → | 2 記述統計と可視化 | → | 3 正規性の確認 | → | 4 t検定 | → | 5 効果量の算出 |

使用ファイル rl.csv、rl_longdat.csv、B_premid_100.csv
使用パッケージ psych、vioplot、Rcmdr

3.1 データの読み込み

rl.csv ファイルを保存した場所を R Console のメニュー「ファイル」→「ディレクトリの変更」で指定します。

```
> dat = read.csv("rl.csv") # ファイル名は""で囲みます。
> attach(dat)
```

分析に入る前に、head() でデータ最初の 6 行を概観します。データは A 列が Listening、B 列が Reading の試験の結果です。それぞれ、495 点満点です。

```
> head(dat)
    L   R
1 190 230
2 150  85
3 450 435
4 190  95
5 225 190
6 250 145
```

dim() でデータフレームの行列数を確認できます。dim は dimension「次

元」の意味ですが、以下の場合は「497 行、2 列」です。

```
> dim(dat)
[1] 497   2
> View(dat) # View()で読んでいるデータを直接見ることもできます。
```

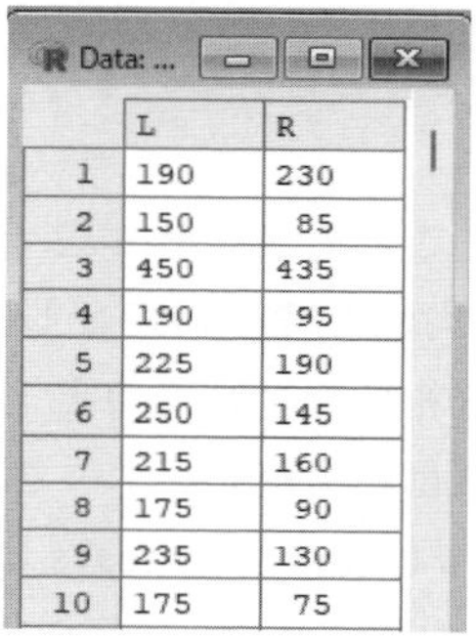

	L	R
1	190	230
2	150	85
3	450	435
4	190	95
5	225	190
6	250	145
7	215	160
8	175	90
9	235	130
10	175	75

図 3.1

3.2 記述統計と可視化

3.2.1 記述統計

記述統計には summary()（Chapter 2）か describe() が便利です。summary() は五数要約と平均を算出し、describe() は平均値に加えて標準偏差（sd）、歪度（わいど）、尖度（せんど）、標準誤差（se）などを出力します。describe() にはパッケージ psych が必要です。

```
> summary(dat)
       L                 R
 Min.   : 90.0   Min.   : 50.0 # 最小値
 1st Qu.:200.0   1st Qu.:150.0 # 第1四分位偏差
 Median :230.0   Median :185.0 # 中央値
 Mean   :227.8   Mean   :184.2 # 平均
 3rd Qu.:255.0   3rd Qu.:215.0 # 第3四分位偏差
 Max.   :470.0   Max.   :445.0 # 最大値
> library(psych) #パッケージの読み込みです。
> describe(dat)
```

```
      vars   n    mean     sd median  trimmed
L       1 497 227.81  47.46    230   227.76
R       2 497 184.16  51.37    185   183.33
      mad min max range skew kurtosis    se
L 37.06  90 470    380 0.58     3.58  2.13
R 51.89  50 445    395 0.57     2.15  2.30
```

　アウトプットされている多くの統計量のうち、ここでは重要な指標のみ取り上げます。

　vars は変数（variable）のことで便宜上、1、2 と振られ、L と R のことです。

　mean と sd がそれぞれ平均値と標準偏差でした。標準偏差はデータのバラつき具合を表し、正規分布の場合、平均 ± 1 SD の範囲に全データの約69% が分布します。median は中央値で、すべてのデータの真ん中の値です。

　range はデータの幅、skew は歪度、kurtosis は尖度です。skew（歪度）は分布が平均値（中央値）を中心にどちらに偏っているかを示す指標です。マイナスなら分布は標準正規分布よりも全体的に右に偏り、プラスならば分布は左に偏っています。また、kurtosis（尖度）は分布の広さ（狭さ）を示す指標です。マイナスなら分布のすそ野は広く、プラスならば分布のすそ野は狭くなり尖ったシルエットになります。歪度と尖度については 3.3.1 で詳述します。

　se は標準誤差のことで、標本平均の標準偏差のことです（Chapter 2）。したがって、標準誤差（se）と標準偏差（sd）の関係は以下の式のように表されます。

$$標準誤差（se）= \frac{標準偏差（sd）}{\sqrt{N}} \tag{3.1}$$

表 3.1 にリスニング(L)とリーディング(R)の記述統計を整理しておきます。

表 3.1

	平均値 mean	標準偏差 sd	中央値 median	歪度 skew	尖度 kurtosis	標準誤差 se
L	227.81	47.46	230	0.58	3.58	2.13
R	184.16	51.37	185	0.57	2.15	2.30

3.2.2 可視化

　ここではヒストグラム、箱ひげ図に加え、バイオリンプロットを描いてみましょう。バイオリンプロットを描くにはパッケージ vioplot が必要です。バイオリンプロットが箱ひげ図に比べて優れている点はデータのバラつき具合がわかりやすいことです。

● ヒストグラム

　Reading と Listening のヒストグラム（Chapter 1）を par( ) を使用して並べて提示します。par( ) の引数 mfrow = には作成するグラフを何行何列に表示するかを指定します。ここでは 1 行 2 列で表示します。また、3.2.1 の記述統計から判断して、hist( ) の引数である 3 要素の最小値、最大値、階級値（刻み値）を、それぞれ 30、495、30 としました。

```
> par(mfrow=c(1, 2)) # 1行2列
> hist(R, breaks=seq(30, 495, 30), right=FALSE)
> hist(L, breaks=seq(30, 495, 30), right=FALSE)
```

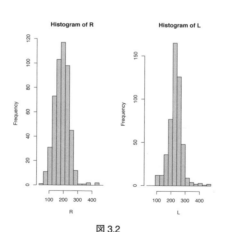

図 3.2

● 箱ひげ図

　箱ひげ図（Chapter 2）を描きます。図は一つなので 1 行 1 列に戻します。

```
> par(mfrow=c(1, 1))
> boxplot(dat) # 図3.3
```

　ここでは、以下の範囲（h）を「ひげ」として表すこととし、ひげのバーを超えてプロットされている値（〇）を外れ値と呼びます。

　h（四分位範囲）＝ 第 3 四分位偏差－第 1 四分位偏差としたとき、

　　極端に小さな値：＜ 第 1 四分位偏差 $-1.5h$（ひげの下側の外れ値）
　　極端に大きな値：＞ 第 3 四分位偏差 $+1.5h$（ひげの上側の外れ値）

（逸見, 2018, p.73）

　図 3.3 にタイトルと軸ラベルをつけ図 3.4 を描きます。タイトルは main、横軸縦軸のラベルはそれぞれ、xlab、ylab です。lab は label のことです。最後の「)」を忘れないようにしてください。

```
> boxplot(dat, main="TOEIC", xlab="test", ylab="score(full=495)")
```

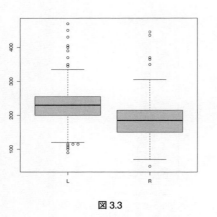

図 3.3

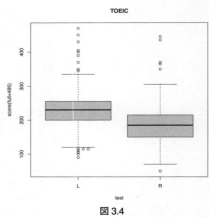

図 3.4

● バイオリンプロット

　バイオリンプロットと呼ばれるマンタに似たグラフを描きます。パッケージ「vioplot」をインストールします。

```
> install.packages("vioplot", dependecies=TRUE)
> library(vioplot)
> vioplot(dat) # 図3.5
```

図の完成度を高めます。色（col）、タイトル（main）、そして軸ラベル（xlab、ylab）を指定します（図 3.6）。

```
> vioplot(dat, names=c("listening", "reading"), col="pink",
main="TOEIC", xlab="test", ylab="score(full=495)")
```

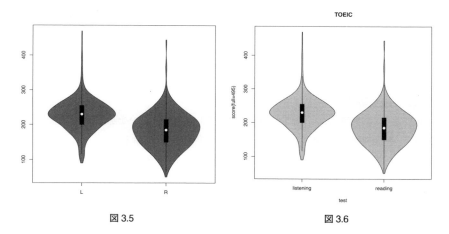

図 3.5　　　　　　　　　　　　　図 3.6

　図 3.5，3.6 を見ると、Listening のほうが Reading に比べて平均値が高くバラつきが小さく見えます。この違いをもう少しハッキリ可視化します。図を半分にカットし上下に並べます（図 3.7）。

　その際、軸ラベル xlab と ylab を図 3.6 のコマンドと入れ替えて、xlab = "score(full = 495)"、ylab = "test" とします。horizontal = TRUE で図を上下に描き、side = "right"（または "left"）で図の半面だけを描きます。

```
> vioplot(dat, names=c("listening", "reading"), col="pink",
main="TOEIC", xlab="score(full=495)", ylab="test", horizontal=TRUE,
side="right")
```

図 3.7 のほうが図 3.5、3.6 よりも R と L の平均値（中央値）とデータの

バラツキ具合の違いがわかりやすいですね。

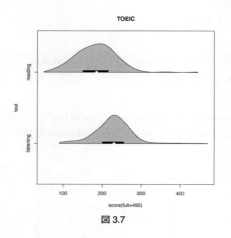

図 3.7

3.3 正規性

　t 検定を行う前に、正規性が満たされているかどうかを確認します。正規性とはその平均値に最も分布が密集し、平均値から離れるほどに左右に二等分する形で分布がなだらかになる状態を示す分布のことをいいます（図 3.8）。とりわけ、平均 0、標準偏差 1 の正規分布を標準正規分布と呼びます。

　正規性を確認するには大きく三つの方法があります。ヒストグラムによる可視化と歪度・尖度の検討（3.3.1）、Shapiro-Wilk 検定（3.3.2）、QQ プロット（3.3.3）です。以下、順に実行します。

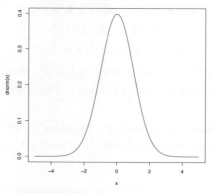

図 3.8　正規分布 curve(dnorm, -5, 5)

3.3.1 ヒストグラムと歪度と尖度

　図 3.2 に示したヒストグラムは正規性の判断基準になります。R も L も平均値周辺のデータ数が最も多く山なりの分布になっているので、正規性があるように見えます。しかし、見た目だけだと曖昧なので数値化された指標で考えます。そのための指標が歪度（skew）と尖度（kurtosis）です。

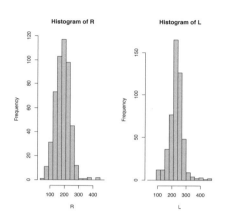

	平均値 mean	標準偏差 sd	中央値 median	歪度 skew	尖度 kurtosis	標準誤差 se
L	227.81	47.46	230	0.58	3.58	2.13
R	184.16	51.37	185	0.57	2.15	2.30

図 3.2 と表 3.1（再掲）

　歪度 >0 ならば正規分布に比べて分布が負（左）に、歪度 <0 ならば正（右）に偏っていることを示します（3.2.1）。イメージと逆なので注意が必要です。

　尖度は正規分布の場合 3 になります（使うソフトウェアによっては 0 の場合もあります）。そして、尖度 > 3 ならば標準正規分布よりも山が尖っているマッターホルン型、尖度 < 3 ならば山がつぶれている富士山型（すそ野が広い）です。

　表 3.1 から、歪度（skew）は L、R でそれぞれ 0.58、0.57 なので、いずれもやや分布が左側に（点数の低い側に）寄っていることがわかりますね。これは、L と R の平均値が 495 点満点中それぞれ 227.8、184.2 であり、半分に満たないことと一致します。

　一方の尖度（kurtosis）はLが3.58、Rが2.15です。したがって、Lは正規分布よりも山がとがっていてバラつきが小さく、Rは山がなだらかでバラつきが相対的に大きいことがうかがえます。これは、ヒストグラムや図3.5、3.6（バイオリンプロット）と一致しますね。

　ヒストグラムと歪度・尖度の統計情報から、このデータは正規分布から「大きく」逸脱しているとはいえないようです。

3.3.2 Shapiro-Wilk 検定

　可視化（ヒストグラム）と統計情報（歪度と尖度）によって分布の正規性を確かめる方法以外に、仮説検定（Chapter 2）によって正規性を判断する方法があります。shapiro.test() を用いた **Shapiro-Wilk**（シャピロ・ウイルク）**検定**です。これは、$N < 5000$ のデータ場合に有効で（逸見、2018, p.93）、帰無仮説は「正規分布である」です。まず、Lから検定します。

```
> shapiro.test(x=dat[, 1]) # [, 1]は1列目のListeningを表します。
        Shapiro-Wilk normality test # normalityは正規性の意味です。
data:  dat[, 1]
W = 0.94282, p-value = 6.574e-13
```

　帰無仮説「正規分布である」が正しいとき、得られた検定統計量 $W = 0.94$ よりも大きな値が得られる確率は 6.574-e13 です。すなわち 6.574×10^{-13} しかない（0にほぼ等しい）ので、帰無仮説を棄却し（Chapter 2 4.1参照）、Lは正規分布ではないと判断できます。R（Reading）はどうでしょうか。

```
> shapiro.test(x=dat[, 2])
        Shapiro-Wilk normality test
data:  dat[, 2]
W = 0.97215, p-value = 4.084e-08
```

　帰無仮説「正規分布である」が正しいとき、得られた検定統計量 $W = 0.97$ よりも大きな値が得られる確率は 4.084×10^{-8} しかない（0にほぼ等しい）ので、帰無仮説を棄却し（Chapter 2 4.1参照）、Rは正規

分布ではないと判断できます。

　つまり、LもRも正規分布に従わないことになります。他方、t検定では「正規分布から大きく逸脱していなければ問題ない」（吉田, 1980, p.191）とも言われており、確率判断をする統計的仮説検定だけでは「大きく」逸脱しているかどうかまではわかりません。そこで、第3の手段であるQQプロットを描いて判断の参考とします。

3.3.3　QQ プロット

　QQ プロットとは、データがある特定の分布、ここでは正規分布に従うかどうかを調べるためのグラフです。データが特定の分布に従っていれば、観測値のプロットが直線に並ぶように工夫されています（逸見, 2018, p.76）。QQプロットを描くにはRコマンダーというパッケージの導入が必要です。その前に、念のために以下の1. ～ 3.の手順を実行してから4.でRコマンダーをインストールしてください。

1. Rの最新バージョンをインストール
2. OSを最新の状態にする。Windows 10の場合は、スタートメニュー「設定」→「更新とセキュリティ」→「更新プログラムのチェック」。Windows 11の場合はタスクバーの「検索」で「更新プログラムの確認」
3. R Consoleのメニューバー「パッケージ」→「パッケージの更新」
4. 以下のコマンドを実行

```
> install.packages("Rcmdr", dependencies=TRUE)
```

　繰り返しになりますが、パッケージ名を "" で囲むことを忘れないでください。dependencies = TRUE は、関連パッケージをすべてダウンロードしてくれ、の意味です。長いメッセージの後に以下を入力します。

```
> library(Rcmdr) # ゆっくり待ちましょう。時間がかかります。
```

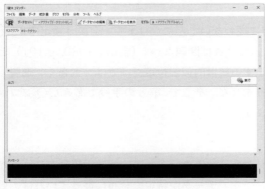

図 3.9　Rcmdr のバージョン 2.7-2　　　　　　　　　　　図 3.10

　すると図 3.9 の R コマンダーが表示されます。次に、R コマンダーのメニューバー「データ」→「データのインポート」→「テキストファイルまたはクリップ...」をクリック→図 3.10 のダイアログ［フィールドの区切り記号］で「カンマ」を選択し OK →開いたダイアログボックスから rl.csv ファイルを選択します。すると、Rcmdr 画面の一番下に図 3.11 のメッセージが出ることを確認してください。

[5] メモ: データセット Dataset には 497 行、2 列あります.

図 3.11

　その後、メニューバーから「グラフ」→「QQ プロット」を選びます。まず、タブ「データ」で R を反転させ（図 3.12）、タブ「オプション」（図 3.13）で［分布］は「正規」になっていることを確認し、［ラベルを表示］はデフォルトの＜auto＞にしておきます（図 3.14 が描画される）。→ OK を押します。L も同様に行います（図 3.15 が描画される）。

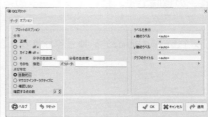

図 3.12　　　　　　　　　　　　　　　　　　　図 3.13

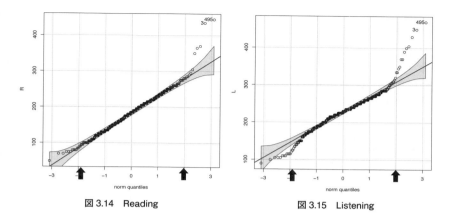

図 3.14 Reading   図 3.15 Listening

　正規分布であるならプロットされたデータ（図 3.14 と図 3.15 の○）の 95% が反転されたグレーの色の領域に収まります。図 3.14 の Reading ではデータが領域内に概ね収まっているように見えるのに対し、図 3.15 の Listening では逸脱しているデータが相対的に多いように見えます。

　しかし、L の領域外のデータは横軸（norm qualities）の絶対値 1.96 を超えるあたり（<-1.96、>1.96、図の↟の部分）から分布しているので、おおむね全体の 5% 内に収まっているようにも見えます（1.96 の意味は Chapter 2）。

　以上から、L も R も正規分布を「大きく」逸脱していないと判断し、t 検定を実施します。Shapiro-Wilk 検定の結果（3.3.2）のみで正規性から「大きく」外れているかどうかを判断しなかった理由は、確率的な判断と実質的な判断の両方を検討すべきだからです（田中, 2021）。それでは、同じ人の TOEIC の Listening と Reading で得点に有意な差があるかどうかを「対応のある t 検定」で調べます。

3.4　t 検定

　t 検定には t.test( ) 関数を用います。R コマンダーを閉じて、以下のコマンドを実行しましょう。引数 paired = TRUE は「対応のあるデータ」（同じ人）という意味です。

```
> t.test(L, R, paired=TRUE)
        Paired t-test
data:  L and R
t = 24.925, df = 496, p-value < 2.2e-16
alternative hypothesis: true difference in means is not equal to 0
95 percent confidence interval:
 40.20167 47.08203
sample estimates:
mean of the differences
              43.64185
```

よって、t 値が 24.9、df（自由度）が 496、p 値が 2.2×10^{-16} です。自由度とは、手持ちのデータ（サンプル）から母集団の統計量を推測する場合、自由にとりうるデータの個数のことです。対応のある t 検定の場合の自由度はサンプル数（n）-1 です。

さて、前提（帰無仮説）「2 条件の母平均に差がない」としたとき、t 値が |24.9|（絶対値 24.9）を超える値（$t > 24.9$ または $t < -24.9$）をとる確率は 2.2×10 のマイナス 16 乗で、0.1% にも満たない確率です（$p < .001$）。したがって、5% 水準で前提（帰無仮説）を棄却し、2 条件の母平均には差があると判断します。つまり、Listening と Reading では平均点に有意な差があるのです。

念のため、巻末に掲載した別表 2 でこのことを確認しておきます。自由度が 200 を超えている場合は∞（無限大）のところを横に見て有意水準に応じた臨界値を見つけます。すると、t 値 24.9 は臨界値 1.96（$p < .05$）を超えているので、差は有意です。

さらに、2 条件の母平均に差があることを 95% 信頼区間から確認します。母集団の平均値の差（母平均の差）の 95% 信頼区間（Chapter 2）は R のアウトプットから 40.20 〜 47.08 です。もし、母平均に差がないという前提（帰無仮説）に立てば、この信頼区間は 0 を跨いでいなければなりません。しかし、40.20 〜 47.08 は 0 を跨いでいません。したがって、前提（帰無仮説）を棄却し、母集団の平均値には有意な差があると判断します。この結果は箱ひげ図（図 3.3、3.4）とバイオリンプロット（図 3.5、3.6）から想像がついたと思います。

3.5 効果量

3.5.1 効果量の意味

効果量は 2 種の条件（群）の平均値に、実質的にどの程度の差があるかを吟味するための指標です。したがって、t 検定の p 値および信頼区間と効果量はセットで報告します。「対応のある t 検定」の場合、効果量 (d) は (3.2) 式で読み替えできます。

$$d = \frac{平均値の差}{標準偏差の平均} \tag{3.2}$$

つまり、<u>効果量（d）とは 2 条件の平均値の差が、標準偏差の平均の何倍に相当するかを示しています。</u>標準偏差で割ることで単位に依存しない尺度としています。したがって、効果量（d）は二つの平均値の差を標準化したものといえます（水本・竹内, 2008）。

では d を計算してみます。表 3.1 より、Listening の平均値と標準偏差を「平均値（標準偏差）」というように表すと、227.81（47.46）でした。同様に、Reading は 184.16（51.37）でした。すると d は次のように求められます。

```
> d = (227.81 - 184.16) / ((47.46 + 51.37) / 2)
> d
[1] 0.883335
```

もう一つの方法として、describe(dat) の結果（3.2.1）を dat2 に代入し、L と R それぞれの平均値と標準偏差を行列数を [ ] で指定することで呼びだし、計算させる方法もあります。

```
> dat2 = describe(dat)
> d = (dat2[1, 3] - dat2[2, 3])/((dat2[1, 4] + dat2[2, 4])*0.5) #
dat2[1, 3]はListeningの平均値
> d
[1] 0.8831999
```

3.5.2 効果量の判断基準

　この 0.883 という効果量は 2 条件（R と L）の間でどの程度の差がある ことを示しているのでしょうか。Cohen（コーエン）基準と呼ばれる d の 効果の大きさを表 3.2 にまとめました。

　表中の「2 条件の分布が重ならない面積」はイメージがしやすいですね。 0.883 は $d > .8$ ですから効果量は大きいと判断できます。したがって、 t 検定の結果（$t(496) = 24.92, p > .05$）、95％信頼区間の吟味、および効果 量の大きさ（$d = 0.88$）から、Listening と Reading とでは差がある、つ まり Listening は Reading に比べて有意に得点が高いことが示されました。

表 3.2　効果量の目安とイメージ（大久保・岡田, 2015, p. 94-96）

	大きさ	2 条件の分布が重ならない面積	類例（Cohen, 1969 による）
0.2	小	14.8 %	15 歳と 16 歳の女子の身長差
0.5	中	33.0 %	14 歳と 18 歳の女子の身長差
0.8	大	47.4 %	博士課程修了者の IQ と大学 1 年生の IQ の差

4　結果の書き方

　分析結果の書き方は以下のようになります。

　TOEIC のリスニングパート（L）とリーディングパート（R）はどちら が難しいのか、497 名の大学生を対象に調べた。

　R と L の平均点（sd）は 495 点満点中、それぞれ 184.2（51.4）と 227.8（47.5）であった。L と R の分布の正規性をヒストグラム、歪度・尖度、 Shapiro-Wilk 検定、QQ プロットで調べた結果、正規性を大きく逸脱して いないと判断し「対応のある t 検定」を行った。

　その結果、5 ％水準で R と L には有意な差（$t(496) = 24.93, p < .001, d = .88, 95\%CI [40.20, 47.08]^*$）があった。具体的には、 Listening の方が Reading よりも得点が有意に高かった。

* 　CI とは confidence interval（信頼区間）のこと。有意水準とセットで[下限, 上限]で示します。

5 まとめ

　一つひとつのプロセスをきちんとたどることが研究では大切です。t 検定も例外ではありません。実は、R を使ってデータ分析をすることの意味がここにあります。有料のソフトウェアだとクリックするだけで解が得られるのでプロセスが見えづらくなり、出力を見てもよく意味がわからないということが起きます。

　本章のように、正規性の検定→t 検定→効果量の算出と吟味という手順を、**R を使って自分の手を動かし**ながら経ることで、はじめて自分の分析の妥当性とその結果に対する責任と自負が生まれるように思われます。

　なお、R と L の分布の正規性が Shapiro-Wilk 検定で否定された段階で正規性を前提としないウィルコクソン（符号）順位和検定（Chapter 5）に切り替える方法もあります。つまり、間隔尺度である本研究の TOEIC のスコアデータを順位尺度にレベルを落として検定します。

```
> wilcox.test(L, R, paired=TRUE)
Wilcoxon signed rank test with continuity correction
data:  L and R
V = 110574, p-value < 2.2e-16
alternative hypothesis: true location shift is not equal to 0
```

　実際に検定してみると帰無仮説「母集団の2群の中央値は等しい」確率は $p<.001$ により棄却されます。この結果は t 検定の結果と一致しています。

6 類題

　6 月に行われたあるクラス（在籍数 25 名）の英語の実力試験の平均点（標準偏差）は 100 点満点で 62.68（11.10）でした。その 3 か月後、9 月に行われた実力試験では 69.28（11.17）でした。そのクラスの英語力は伸びたといえるのでしょうか。統計的仮説検定により差を検定してください。また、効果量 (d) も算出してみましょう。ただし、2 回の英語の実力試験の難易度

は同じであり、得点は相互に比較できるものとします。

使用ファイル：B_premid_100.csv

Chapter 4

異なる人のテストの平均点を比較する

―音楽的能力は音楽経験の有無で異なるか―

1 Theory

Chapter 3 では同じ人の異なるテストの平均点（対応のあるデータ）に統計的に有意な差があるかどうかを調べました。では、異なる人のテストの平均点（対応のないデータ）を比較するにはどうしたらよいのでしょうか。異なる人のテストデータの場合には、等分散性の検定を行って、2 群のデータが等分散なら t 検定、等分散でないなら Welch の t 検定とする考え方と、もう一つは等分散性の検定を行わずに Welch の t 検定を行うとする二つの考え方があります。等分散性とは、2 条件（群）のデータのバラつきが著しく異ならないという意味です。分散については、3.3.2 を参照してください。

$$s^2 = \frac{(x_1 - \bar{x})^2 + (x_2 - \bar{x})^2 + \cdots + (x_{n-1} - \bar{x})^2 + (x_n - \bar{x})^2}{n} \tag{4.1}$$

本章では、読者が分析のプロセスをより理解できるように、等分散性の検定を経るプロセスを示します。

2 研究課題

楽器を習ったことのある人は多いと思いますが、その経験は音楽的能力の向上につながるのでしょうか。それとも、絶対音感の存在が示すように、音楽的な能力は先天的要因によって決まってしまうのでしょうか。そこで、大学生 20 名を対象に音楽経験の有無によって音楽的能力が異なるかどうかを調べました。

音楽経験とは幼少期～高校卒業までに継続して3年間以上同じ楽器を演奏または習っていた経験と定義しました。一方、音楽的能力は以下の五つの下位能力から構成される力としました。

① 音の高低差を識別できる力（音高識別能力）

② 音の大小を識別できる力（強度識別能力）

③ リズムや拍を感じ取る能力（リズム能力）

④ 音の長さを識別する能力（長短識別能力）

⑤ 音を記憶する能力（音記憶能力）

そして、その五つの下位能力から構成される音楽能力テストを作成しました。①②④は各25項目、③と⑤は各16項目の計107項目です。解答は正解か不正解の2値データとしました。

3 分析の手順

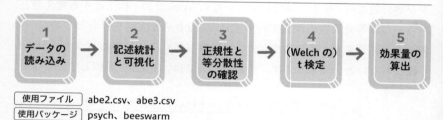

| 1 データの読み込み | → | 2 記述統計と可視化 | → | 3 正規性と等分散性の確認 | → | 4 (Welchの) t検定 | → | 5 効果量の算出 |

使用ファイル abe2.csv、abe3.csv
使用パッケージ psych、beeswarm

3.1 データの読み込み

abe2.csv を保存した場所をR Consoleのメニュー「ファイル」→「ディレクトリの変更 ...」で指定します。本章ではじめて日本語（全角バイト）入力のあるファイル（abe2.csv）を読みます。日本語入力のあるファイル（1行目列名）では read.csv() の引数に fileEncoding = "shift-jis" を追加することで文字化けを防ぐことができます。

```
> dat = read.csv("abe2.csv", fileEncoding="shift-jis")
> attach(dat)
> View(dat) # 確認
```

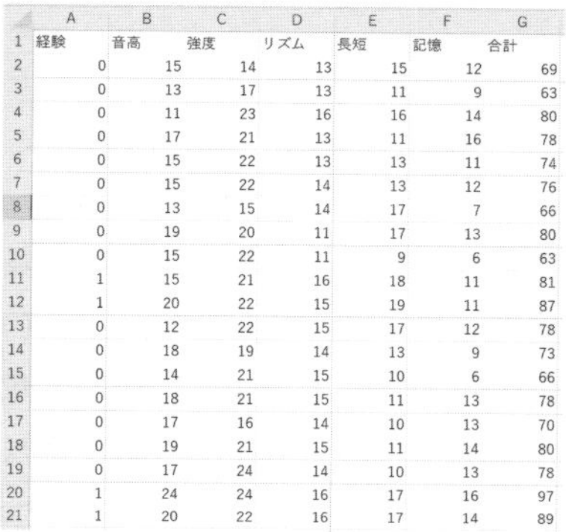

	A	B	C	D	E	F	G
1	経験	音高	強度	リズム	長短	記憶	合計
2	0	15	14	13	15	12	69
3	0	13	17	13	11	9	63
4	0	11	23	16	16	14	80
5	0	17	21	13	11	16	78
6	0	15	22	13	13	11	74
7	0	15	22	14	13	12	76
8	0	13	15	14	17	7	66
9	0	19	20	11	17	13	80
10	0	15	22	11	9	6	63
11	1	15	21	16	18	11	81
12	1	20	22	15	19	11	87
13	0	12	22	15	17	12	78
14	0	18	19	14	13	9	73
15	0	14	21	15	10	6	66
16	0	18	21	15	11	13	78
17	0	17	16	14	10	13	70
18	0	19	21	15	11	14	80
19	0	17	24	14	10	13	78
20	1	24	24	16	17	16	97
21	1	20	22	16	17	14	89

図 4.1　abe2.csv

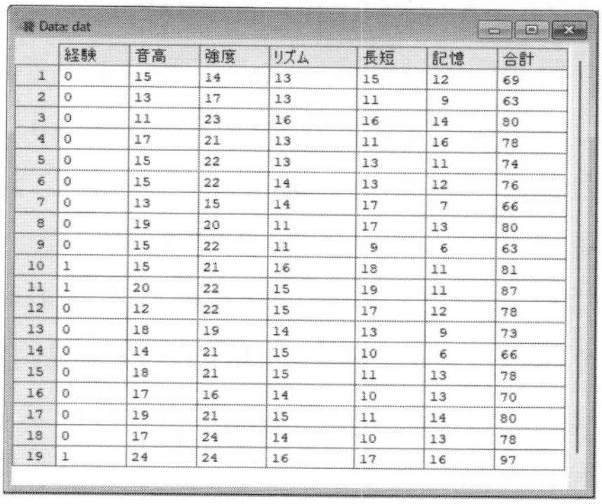

Data: dat

	経験	音高	強度	リズム	長短	記憶	合計
1	0	15	14	13	15	12	69
2	0	13	17	13	11	9	63
3	0	11	23	16	16	14	80
4	0	17	21	13	11	16	78
5	0	15	22	13	13	11	74
6	0	15	22	14	13	12	76
7	0	13	15	14	17	7	66
8	0	19	20	11	17	13	80
9	0	15	22	11	9	6	63
10	1	15	21	16	18	11	81
11	1	20	22	15	19	11	87
12	0	12	22	15	17	12	78
13	0	18	19	14	13	9	73
14	0	14	21	15	10	6	66
15	0	18	21	15	11	13	78
16	0	17	16	14	10	13	70
17	0	19	21	15	11	14	80
18	0	17	24	14	10	13	78
19	1	24	24	16	17	16	97

図 4.2　View(dat)

4

● 行列数・データ型

データの行列数の確認を dim() で、データ型の確認を str() で行います。str() は head() ではわからないデータ型（int）が見えるのが利点です。int は integer（整数）の意味です。その他のデータ型には numeric（数字）と character（文字）などがあります。

```
> dim(dat)
[1] 20  7 # 20行7列
> str(dat) # 以下の20 obs. of 7 variablesは、7変数（図4.1、1行目）に対する20人の観測値（observation）の意味
'data.frame':   20 obs. of  7 variables:
 $ 経験  : int  0 0 0 0 0 0 0 0 0 1 ...
 $ 音高  : int  15 13 11 17 15 15 13 19 15 15 ...
 $ 強度  : int  14 17 23 21 22 22 15 20 22 21 ...
 $ リズム: int  13 13 16 13 13 14 14 11 11 16 ...
 $ 長短  : int  15 11 16 11 13 13 17 17 9 18 ...
 $ 記憶  : int  12 9 14 16 11 12 7 13 6 11 ...
 $ 合計  : int  69 63 80 78 74 76 66 80 63 81 ...
```

3.2 記述統計と可視化

　研究課題は音楽経験の有無によって音楽的能力に違いがあるかどうかでした。そこでまず、音楽経験の有無によるそれぞれの記述統計を調べます。この場合、層別による記述統計の出し方を知っておくとスゴク助かりますね。層別とは条件・群別という意味です。本研究課題の場合は音楽経験の有無（図 4.1、図 4.2 の A 列）のことですね。層別の記述統計量を出すには by()を使います。引数は（目的変数 , 説明変数 , describe）とします。**目的変数**は記述統計を知りたい変数のこと（この場合、音高から合計までの 6 変数）、**説明変数**とは層（条件・群）、つまり音楽経験の有無のことです。describeを使うのでパッケージ psych が必要です。

```
> install.packages("psych", dependencies=TRUE) # パッケージpsychのイ
ンストール
> library(psych) # パッケージの読み込み
> by(dat[, 2:7], dat[, 1], describe)
```

　データフレームの行・列を示すには、**データフレーム名 [,]** とします。「,」の左側に行、右側に列を示します。複数の連続する列を指定する場合は、「:」（コロン）または「-」（ハイフン）でつなぎます。**一方、行や列を指定しなかった場合、「すべての行や列」が指定されたものとみなされます。** 連続しない列を指定する場合は、たとえば、dat[, c(3, 4, 7)]とするとすべての行に渡って列 3、列 4、列 7 のみを指定したことになります。この辺りは、Excel より R の方が断然速くて便利です。

● 音楽経験がない場合（1 列目が 0）の記述統計

```
dat[, 1]: 0
       vars  n  mean   sd median trimmed  mad min max
音高     1 16 15.50 2.48     15   15.57 2.97  11  19
強度     2 16 20.00 2.97     21   20.14 1.48  14  24
リズム   3 16 13.75 1.39     14   13.79 1.48  11  16
長短     4 16 12.75 2.82     12   12.71 2.97   9  17
記憶     5 16 11.25 3.00     12   11.29 2.22   6  16
合計     6 16 **73.25 6.21**     75   73.50 7.41  63  80
```

```
         range  skew kurtosis    se
音高        8 -0.17    -1.28 0.62
強度       10 -0.73    -0.85 0.74
リズム       5 -0.56    -0.47 0.35
長短        8  0.39    -1.49 0.70
記憶       10 -0.50    -1.03 0.75
合計       17 -0.43    -1.47 1.55
```

● **音楽経験のある場合（1 列目が 1 の場合）の記述統計**

```
dat[, 1]: 1
        vars n  mean   sd median trimmed  mad min max
音高        1 4 19.75 3.69   20.0   19.75 2.97  15  24
強度        2 4 22.25 1.26   22.0   22.25 0.74  21  24
リズム       3 4 15.75 0.50   16.0   15.75 0.00  15  16
長短        4 4 17.75 0.96   17.5   17.75 0.74  17  19
記憶        5 4 13.00 2.45   12.5   13.00 2.22  11  16
合計        6 4 88.50 6.61   88.0   88.50 5.93  81  97
        range  skew kurtosis   se
音高        9 -0.15    -1.87 1.84
強度        3  0.42    -1.82 0.63
リズム       1 -0.75    -1.69 0.25
長短        2  0.32    -2.08 0.48
記憶        5  0.20    -2.21 1.22
合計       16  0.16    -1.90 3.30
```

　それぞれの一番下の行に示されている合計（満点 107）の平均値（mean）と標準偏差（*sd*）を見ると（下線太字で強調しました）、音楽経験のない場合（上段）は 73.25（6.21）、経験がある場合（下段）は 88.50（6.61）です。経験者の平均値は未経験者に比べて 15 点ほど高いようですが、果たしてこの差は統計的に有意なのでしょうか。対応のない t 検定に移る前に前提条件の正規性と等分散性を確認します。

3.3　正規性と等分散性の確認

3.3.1　正規性

　別ファイル abe3.csv を、abe2.csv と同じ場所に保存して呼び出します。

abe3.csv（図 4.3）は音楽経験の有無によって分類されたファイルです。

```
> dat = read.csv(file.choose()) # ダイアログが開くので、abe3.csvを指定
```

ファイルを読めない場合は、以下のようにファイル名を直接打ち込み、
fileEncoding = "shift-jis" を引数に加えてください。

```
> dat = read.csv("abe3.csv", fileEncoding="shift-jis")
> attach(dat) # エラーがでる場合は、Rをいったん閉じて開き直してください
```

	A	B	C	D	E	F	G	H	I	J	K	L	M	N	O
1	経験	無し音高	無し強度	無しリズム	無し長短	無し記憶	無し合計		経験	有り音高	有り強度	有りリズム	有り長短	有り記憶	有り合計
2	0	15	14	13	15	12	69		1	15	21	16	18	11	81
3	0	13	17	13	11	9	63		1	20	22	15	19	11	87
4	0	11	23	16	16	14	80		1	24	24	16	17	16	97
5	0	17	21	13	11	16	78		1	20	22	16	17	14	89
6	0	15	22	13	13	11	74								
7	0	15	24	13	12	12	76								
8	0	23	15	14	17	7	66								
9	0	19	20	11	17	13	80								
10	0	15	22	11	9	6	63								
11	0	12	22	15	17	12	78								
12	0	18	19	14	13	9	73								
13	0	14	21	15	10	6	66								
14	0	18	21	15	11	13	78								
15	0	17	16	14	10	13	70								
16	0	19	21	15	11	14	80								
17	0	17	24	14	10	13	78								

図 4.3　abe3.csv（H 列が空欄であることに注意してください）

　t 検定の前提条件として正規性が満たされているかどうかを確かめるために、①ヒストグラムと歪度・尖度、② Shapiro-Wilk 検定、③ QQ プロットを利用することを学びました（Chapter 3）。しかし、本章の研究課題では「音楽経験あり」群の人数が 4 人と少ないため①と③は不適切です。そこで、② Shapiro-Wilk 検定に加えて、4 番目の方法として外れ値の有無を正規性の判断指標として使います。

● Shapiro-Wilk 検定

$N < 5000$ のときは Shapiro-Wilk 検定が一般的です（逸見, 2018, p.93）。

```
> shapiro.test(x=dat[, 7]) # 図2の7列目（G列）は「経験なし」の合計点
        Shapiro-Wilk normality test
data:  dat[, 7]
```

```
W = 0.8734, p-value = 0.03067

> shapiro.test(x= dat[, 15]) # 図2の15列目（O列）は「経験あり」の合計
点
        Shapiro-Wilk normality test
data:  dat[, 15]
W = 0.97973, p-value = 0.9004
```

　音楽経験なし群は正規分布ではなく（$p = .03$）、経験あり群は正規分布である（$p = .90$）といえます。

● 外れ値

　正規性の有無に関して音楽経験なし群は正規分布ではなく（$p = .03$）、音楽経験あり群は正規分布である（$p = .90$）という異なる検定結果となりました。続いて、極端値（外れ値）があるかどうかを確認します。極端値がなければ t 検定を行い、あれば U 検定（Chapter 5）を行います。

　極端値の有無を調べるのに箱ひげ図が有効でした。しかし、箱ひげ図では外れ値以外のデータの分布がわかりにくい欠点がありました（Chapter 2）。そこで、それを解消する方法をお伝えします。$N < 30$ ぐらいならとても有効です。まず、パッケージ beeswarm を読み込みます。

```
> install.packages ("beeswarm", dependencies=TRUE)
> library(beeswarm)
```

boxplot() と beeswarm() を使って箱ひげ図を描きます。

```
> boxplot(dat[, c(7, 15)], names=c("経験なし(n=16)", "経験あり(n=4)"),
main="音楽能力")
> # beeswarmを追加します
> beeswarm(dat[, c(7, 15)], col="blue", pch=16, add=TRUE) # col（色）
やpchはお好みで。
```

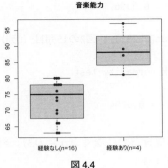

図 4.4

　図 4.4 から外れ値はないようですね。あればヒゲの上側と下側に○がつきました（Chapter 3）。ここまでで、音楽経験なし群（$n = 16$）は Shapiro-Wilk 検定では正規性がない（$p = .03$）という結果でしたが、外れ値がないことを考慮し、正規性を「大きく」は逸脱していないと判断しました。音楽経験あり群（$n = 4$）は、Shapiro-Wilk 検定が有意でなかったこと（帰無仮説「正規性がある」が棄却されなかったこと）、および外れ値がなかったことから正規性があると判断しました。続いて、3.3.2 で「対応のない t 検定」のもう一つの前提条件である等分散性を確認します。

3.3.2 　等分散性

　分散とは「データのバラつき具合」のことです。バラつき具合は、個々のデータと平均値との差を 2 乗し、それを個数分足し合わせ（平方和）、データ数で割ることで示されます。

$$s^2 = \frac{(x_1 - \bar{x})^2 + (x_2 - \bar{x})^2 + \cdots + (x_{n-1} - \bar{x})^2 + (x_n - \bar{x})^2}{n} \tag{4.1}$$

（s^2 ＝分散、$\bar{x}$ ＝平均値、n ＝データの個数）

　（個々のデータ x －平均値 $\bar{x}$）を 2 乗する理由は、符号を＋（正）にするためです。また、平方和をデータの個数で割る理由は、2 乗して求めた平方和は数字が大きくなり過ぎるからです（高橋 , 2020, p.91）。データの個数－1 で割るという考え方（不偏分散と呼びます）もありますが、本書の範囲を超えるのでここでは n（個数）で割ると覚えておいてください。等分散の

検定は var.test() を用います。引数は対象の列名です。ここでは音楽経験なし群とあり群のそれぞれの合計点ですね。

```
> var.test(無し合計, 有り合計)
        F test to compare two variances

data:  無し合計 and 有り合計
F = 0.88397, num df = 15, denom df = 3, p-value = 0.7361
alternative hypothesis: true ratio of variances is not equal to 1
95 percent confidence interval:
 0.06202114 3.67095196
sample estimates:
ratio of variances
         0.8839695
```

　帰無仮説は、二つの母集団の分布は「等分散である」です。したがって、$p = .736$ より、「等分散である」という仮説を保持します。

3.4　t 検定

　以上、3.3 において正規性と等分散性の前提が満たされていることが確認できました。そこで、「対応のない t 検定」に移ります。paired = FALSE でデータに対応がないこと（異なる人のデータであること）、var.equal = TRUE で等分散を仮定していることを示します。var.equal を FALSE にすると、等分散性を仮定しない「Welch（ウェルチ）の t 検定」と呼ばれる検定が行われます。

```
> t.test(dat[, 7], dat[, 15], paired=FALSE, var.equal=TRUE) # var.
equal=TRUEを入れることでRはt検定を行います。これを入れないと、t.test()
はデフォルトで等分散を前提としないWelchのt検定を実行するからです
        Two Sample t-test

data:  dat[, 7] and dat[15]
t = -4.3436, df = 18, p-value = 0.0003914
alternative hypothesis: true difference in means is not equal to 0
        95 percent confidence interval:
```

```
          -22.626118   -7.873882
  sample estimates:
  mean of x mean of y
       73.25      88.50
```

　t 値が -4.34、df（自由度）が 18、p 値が 0.0003914 です。対応のない
t 検定の自由度（Chapter3　3.5 参照）は $n_1 + n_2 - 2$（$4 + 16 - 2$）なので
18 です。さて、前提（帰無仮説）「2 条件の母平均に差がない」としたとき、
t 値が |4.34| を超える値（$t > 4.34$ または $t < -4.34$）をとる確率はわずか
に 0.039%（$p < .001$）で 1% にも満たない確率です。したがって、5% 水
準で前提（帰無仮説）を棄却し、2 条件の母平均には差があると判断します。
つまり、音楽経験の有無で音楽的能力は異なると。念のため、別表 2 でこ
のことを確認しておきます。t 値 |4.34| は臨界値 2.10（$df = 18$、$p < .05$）
を超えているので、差が有意です。

　続いて、信頼区間から 2 条件の差を検討します。母集団の平均値の差（母
平均の差）の 95% 信頼区間（Chapter 2）は R のアウトプットから -22.63
〜 -7.87 です。もし、母平均に差がないならば（帰無仮説）、この信頼区間
は 0 を跨いでいなければなりません。しかし、-22.63 〜 -7.87 は 0 を跨い
でいません。したがって、前提（帰無仮説）を棄却し、母集団の平均値には有
意な差がある——音楽経験の有無で音楽的能力は異なると判断します。

　以上、p 値および信頼区間から、音楽経験の有無によって音楽能力が異な
ることが示されました。効果量による検討は 3.5 で行います。

　ところで、対応のない 2 条件の平均値を比較する場合、本書で示したよ
うに等分散性の検定を行った結果によって t 検定か Welch の t 検定かを判
断するという考え方には異論もあります。それは主に二つの検定を行う多重
検定（2 段階検定）は避けるべきであると考えるからです。それならば、2
条件の分散の等質性にかかわらず、Welch の t 検定を最初から用いるべき
であるとする立場です。ちなみに、Welch の t 検定の結果を以下に示します。
t 値と p 値は異なっているものの、音楽経験の有無によって音楽能力テスト
の得点に有意な差があるという結果は、等分散を前提とした t 検定の結果と
一致しています。

```
> t.test(dat[, 7], dat[, 15], paired=FALSE) # dat[, 7]は図4.3の「無し
合計」、dat[, 15]は図4.3の「有り合計」
        Welch Two Sample t-test
data:  dat[, 7] and dat[, 15]
t = -4.177, df = 4.4292, p-value = 0.01126
alternative hypothesis: true difference in means is not equal to 0
95 percent confidence interval:
 -25.010681  -5.489319
sample estimates:
mean of x mean of y
    73.25     88.50
```

3.5　効果量

効果量には Chapter 3 で学んだ効果量（d）のほかに r があります。r は
t 値と自由度から求められます（水本, 2008）。

$$r = \sqrt{\frac{t^2}{t^2 + df}} \tag{4.2}$$

r の効果の目安は .10 ＜ r ＜ .30　小、0.30 ＜ r ＜ 0.5　中、0.50 ＜ r　大（竹
内・水本, 2014）です。今回の効果量を計算すると .72 なので差は大きいと
いえますね。なお、ノンパラメトリック検定（ウィルコクソンの順位和検定、
U 検定）の場合の r の算出式は異なるので注意が必要です（Chapter 5）。

Column

統計的仮説検定の検定力とサンプル数

検定力を高めるためにはサンプル数はどれくらいあればいいのでしょうか。
検定力とは、実際に帰無仮説が誤っているとき（調査者はそれを期待してい
ることが多いのですが）帰無仮説を棄却して正しい結論を導き出せる確率の
ことです（山田・杉澤・村井, 2008, p.357）。言い換えると、対立仮説を正
しく採択する確率です（Chapter 2　4.3）。サンプル数は、期待される効果量、
設定される有意水準、そして期待される検定力（カイ 2 乗検定のときは自由
度も）によって決まってきます。以下、使用頻度の高いカイ 2 乗検定、t 検定、

一要因分散分析の際の必要サンプル数を検討してみましょう。pwr パッケージのインストールが必要です。

```
> library(pwr)
```

1 t 検定の場合

1.1 対応のある t 検定（Chapter 3）の場合

効果量（d）= 0.5、検定力 = 0.8、paired= 対応ありの場合で必要サンプル数を計算してみます。

```
> pwr.t.test(d=0.5, power=0.8, type="paired")

     Paired t test power calculation

              n = 33.4
              d = 0.5
      sig.level = 0.05 # デフォルトで有意水準は 5%
          power = 0.8
    alternative = two.sided

NOTE: n is number of *pairs*
```

対応ありの場合、34 人必要であることがわかりました。意外に少なくても大丈夫なのですね。続いて、対応のない場合はどうなのでしょうか。

1.2 対応のない t 検定（Chapter 4）の場合

```
>pwr.t.test(d=0.5,power=0.8,type="two.sample")

     Two-sample t test power calculation

              n = 63.8
              d = 0.5
      sig.level = 0.05
          power = 0.8
    alternative = two.sided
```

```
NOTE: n is number in *each* group
```

対応なしの場合、64 人 × 2 群 =128 人必要とわかりました。

2 カイ2乗検定（Chapter 8）の場合

分割表を用いたカイ2乗検定の自由度は（列数 −1）×（行数 −1）で与えられます。期待される効果量（w）=.3, 自由度（df）=25, 有意水準（sig. level）5%, 検定力（power）=.8 で設定した場合に、どの程度のサンプル数が必要か見てみます。

```
> pwr.chisq.test(w=0.3, df=25, sig.level=0.05, power=0.8)

     Chi squared power calculation

              w = 0.3
              N = 253.8501
             df = 25
      sig.level = 0.05
          power = 0.8

NOTE: N is the number of observations
```

N = 253.8501 ですから、検定力 .8 を確保するためには、サンプル数は 254 人が必要になることがわかりました。

3 一要因分散分析（Chapter 10）の場合

k = 3 は水準数を、f = 0.25 は効果量を示します。

```
> pwr.anova.test(k=3, f=0.25, power=0.8)

    Balanced one-way analysis of variance power calculation

              k = 3
```

```
                 n = 52.4
                 f = 0.25
         sig.level = 0.05
             power = 0.8

NOTE: n is number in each group
```

　53人×3群＝3条件の対応のない場合で159人必要であることがわかりました。

4 | 結果の書き方

　分析結果の書き方は以下のようになります。

音楽経験は音楽的能力に影響を与えるかどうかを大学生20名を対象に音楽テストを実施して調べた。その結果、音楽経験あり群となし群の平均（sd）はそれぞれ88.5（6.61）と73.25（6.21）であった。等分散を仮定した「対応のない t 検定」を実施した結果、2群間には5%水準で有意な差があった（$t(18) = -4.34, p < .001, 95\%$ CI $[-22.63, -7.87], r = 0.72$）。よって、音楽経験の有無によって音楽的能力は異なること、つまり音楽経験があったほうが音楽的能力は高い傾向にあることが示された。

5 | まとめ

　2条件の平均値の比較をする場合は、
① 対応があるかないか（同じ人がそうでないか）
② 分布に正規性があるか
③ 分散が等しいか
を可視化や統計情報および検定を通じて見極め、適切な手法を選択することが重要であることを知りました。次章（Chapter 5）では正規性を大きく逸脱した外れ値の多い場合の2条件を比較する方法や、3件法・4件法を使用

した場合のアンケート結果を比較する方法を学びます。

6 便利な関数

```
t.test(x, y, paired=FALSE, var.equal=TRUE) # 対応のない等分散のデータ
のt検定
t.test(x, y, paired=FALSE) # 対応のない等分散でないデータでのWelchのt
検定
dat = read.csv(file.choose()) # ファイルを呼び出しdatに代入する
install.packages("abc", dependencies=TRUE) # abcはパッケージ名。半角で
打つ
str(dat) # データ構造を示す
var.test(x, y) # 等分散の検定。x、yは変数名で" "は不要
```

7 類題

　音楽経験の有無によって音楽的能力は異なる傾向にあること、つまり、音楽経験は音楽的能力の向上に寄与することが示されました。では、音楽経験は音楽的能力の五つの下位能力のうち、特にどの能力に影響を与えるのでしょうか。ここでは、音高識別能力とリズム能力の二つの下位能力について検定をして確かめてみましょう。

Chapter 5

サンプルの小さい外れ値のある
二条件を比較する
―電話をかける回数に性差はあるか―

1 | Theory

　対応のないデータの2条件の平均値に統計的に有意な差があるかどうかを調べるとき、分布の正規性を大きく逸脱していない前提で、2条件が等分散を仮定できるならばt検定、等分散でないならWelchのt検定を用いることを学びました（Chapter 3、4）。

　本章では、分布の正規性を大きく逸脱している対応のないデータを比較する場合について考えます。多くの場合、それはサンプルサイズの小ささや外れ値に起因しています。このような場合、データを順序尺度として中央値の差を考えます。なぜなら、中央値では個々のデータとの差（偏差）を問題にしていないので、検定結果がサンプルサイズの小ささや外れ値の影響を受けにくいからです（吉田, 1998, p.201）。したかって帰無仮説は「母集団上で2条件の中央値に差はない」になります（吉田・森, 1990, p.204；吉田, 1998, pp.198-200）。

　具体的には、U検定（マン・ホイットニーの検定、ウィルコクソンの順位和検定と同義）を用います。U検定は、間隔尺度ではなく順序尺度として扱う3件法・4件法を用いたアンケート結果の分析にも利用できます（平井・岡・草薙, 2022, p.229）。

2 | 研究課題

　SNSの普及に伴い、電話で人と話す機会が減ったような気がします。し

かし、電話も捨てがたいものです。それはきっと、声色や息使いから言葉以上に相手の気持ちや心情が伝わってくるからではないでしょうか。

果たして、今の大学生はどのくらい電話を使用し、使用頻度に男女間で違いがあるのでしょうか。大学2年生15名（男子8名、女子7名）を対象に調べてみました。彼らに過去2週間で自分から電話をかけた回数を報告してもらったところ、以下のような結果になりました。さて、男子学生と女子学生間で電話をかける頻度に違いがあるといえるのでしょうか（単位は回数）。

男子	1	0	0	60	6	4	0	2
女子	12	4	9	7	8	10	8	

（データ出典：吉田, 1998, p.199）

3 分析の手順

| 1 データの読み込み | → | 2 可視化 | → | 3 正規性の検定 | → | 4 U検定 | → | 5 効果量（r）の算出 |

使用ファイル　U.csv
使用パッケージ　なし

	A	B
1	boy	girl
2	1	12
3	0	4
4	0	9
5	60	7
6	6	8
7	4	10
8	0	8
9	2	

図 5.1　U.csv

3.1　データの読み込み

ダイアログボックスでファイルを呼び出す方法を使ってみましょう

（Chapter 1）。ただし、この方法は日本語入力のないファイルを呼び出すときに限ります。エラーが生じることがあるからです。開いたダイアログで作業ディレクトリに移動し、U.csv を選択します。

```
> dat = read.csv(file.choose()) # 最後の括弧を忘れないように
> attach(dat)
```

この呼び出し方の利点は以下の通りです。
① ファイル名を打たずにダイアログからファイルを選択するだけで済むこと
② ファイルの保存時にファイル名を長くできること
③ ファイルを呼び出す際の「ファイル」→「ディレクトリの変更」の手間が省けること
　一方、欠点はファイル名が R Console に表示されないので、どのファイルを使っているのか分析中にわからなくなってしまうことです。どちらのファイルの呼び出し方法も一長一短あるので、両方使えるようにしておきましょう。

3.2　可視化

　サンプルサイズは小さく（$n = 15$）、特に男子のデータは外れ値（0、60）があり、正規分布していないことは明らかです。女子はデータを見ただけでは判断がつきません。そこで、ヒストグラム（図 5.2）と箱ひげ図（図 5.3）を描き、Shapiro-Wilk 検定（Chapter 3）を行います。ヒストグラムと箱ひげ図の引数の意味は Chapter 1 を参照してください。

● ヒストグラム
```
> par(mfrow=c(1, 2)) # グラフを1行2列に配置。
> hist(boy, breaks=seq(0, 60, 2), right=FALSE)
> hist(girl, breaks=seq(0, 60, 2), right=FALSE)
```

● 箱ひげ図
```
> par(mfrow=c(1, 1)) # 図は一つなので、1行1列に戻します。
> boxplot(dat, main="telephone", xlab="sex", ylab="回数")
```

男子も女子も外れ値が見えますね（図 5.3）。

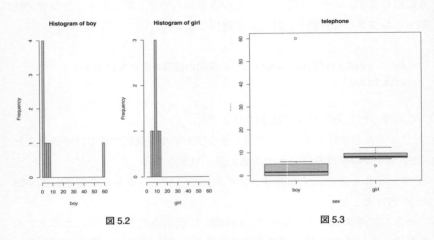

図 5.2   図 5.3

3.3　正規性の検定（Shapiro-Wilk 検定）

boy（男子）から Shapiro-Wilk 検定を行います。

```
> shapiro.test(x=dat[, 1]) # [, 1]はデータフレームdatの1列目のboyを指
します。
        Shapiro-Wilk normality test
data:  dat[, 1]
W = 0.50746, p-value = 1.271e-05
```

　帰無仮説は「正規分布である」なので男子の分布は「正規分布でない」（p<.001）といえます。図 5.2 の boy（男子）と一致していますね。girl（女子）はどうでしょうか。

```
> shapiro.test(x=dat[, 2]) # [, 2]は2列目のgirl
        Shapiro-Wilk normality test
data:  dat[, 2]
W = 0.9731, p-value = 0.9198
```

　帰無仮説は「正規分布である」なので、女子のデータは「正規分布」して

います（$p = .92$）。ヒストグラム（図5.2）とも一致しますね。

　つまり、男子は正規分布ではないが女子は正規分布であるという結果です。特に男子のデータでは0と60という外れ値が目立ち、データの歪みが大きいです。

　そこで、平均値ではなく中央値を比べるU検定（ウィルコクソンの順位和検定）を行います。中央値の検定ですので summary() で中央値を求めます。

```
> summary(dat) # summary()は5数要約量と平均値を出す関数でした
      boy              girl
 Min.   : 0.000   Min.   : 4.000
 1st Qu.: 0.000   1st Qu.: 7.500
 Median : 1.500   Median : 8.000
 Mean   : 9.125   Mean   : 8.286
 3rd Qu.: 4.500   3rd Qu.: 9.500
 Max.   :60.000   Max.   :12.000
                  NA's   :1
```

　boy（男子）の中央値（Median）は1.5、girl（女子）は8.0です。

3.4　U検定

　それではU検定（ウィルコクソンの順位和検定）を行ってみましょう。wilcox.test() を用います。

```
> wilcox.test(boy, girl)
        Wilcoxon rank sum test with continuity correction
data:  boy and girl
W = 8.5, p-value = 0.02706
alternative hypothesis: true location shift is not equal to 0

警告メッセージ:
 wilcox.test.default(boy, girl) で:
   タイがあるため、正確な p 値を計算することができません。
```

　表示された警告メッセージの意味は、「中央値の差の検定を行う際に同順

位の値があるため、p 値が正確に計算できない」です。

そこで、wilcox.test（ウィルコクソンの順位和検定）に代えて、wilcox.exact（正確ウィルコクソン検定）を用います。本データのように同順位が多い場合は（図5.1 より、男子で 0 が 3 人、女子で 8 が 2 人）、ウィルコクソンの順位和検定ではなく正確ウィルコクソン検定を用います。正確ウィルコクソン検定には exactRankTests と coin パッケージが必要です。

```
> install.packages("exactRankTests", dependencies=TRUE)
> install.packages("coin", dependencies=TRUE)
> library(exactRankTests)
> library(coin)
 要求されたパッケージ survival をロード中です
 次のパッケージを付け加えます: 'coin'
 以下のオブジェクトは 'package:exactRankTests' からマスクされています:
     dperm, pperm, qperm, rperm
```

以下、正確ウィルコクソン検定です。もし、エラーが出る場合は、wilcox.exact(dat[, 1], dat[, 2]) を試してください。

```
> wilcox.exact(boy, girl)
         Exact Wilcoxon rank sum test
data:  boy and girl
W = 8.5, p-value = 0.02238
alternative hypothesis: true mu is not equal to 0
```

帰無仮説「母集団の中央値に差はない」は棄却されます（$p < .05$）。よって、電話をかける頻度は男女によって違いがあるといえます。中央値から、男子（1.5）より女子（8.0）の方が電話をかける回数は多いといえます。

3.5 効果量

続いて、男女間で電話をかける回数がどれくらい違うかを知るために効果量を求めます。順序・名義尺度（Chapter 2）に対する検定であるノンパラメトリック検定の際の効果量（r）は以下の計算式で求められます。

$$r = \frac{z}{\sqrt{N}} \qquad\qquad (5.1)$$

（$z=$ 標準得点、$N=$ サンプル数）

　式（5.1）はよく使うので暗記してください。r の効果量の判断の目安は、$r=.1$ は小、$r=.3$ は中、$r=.5$ は大です。z はアウトプットされないので p 値（$=0.022$）から qnorm() で z を求めます。qnorm() は正規分布の面積の比率を引数に入れると、対応する境界値を返す関数です。たとえば qnorm(0.025) では約 -1.96 となります。p 値から z が求まる理由は Chapter 2 の 3 を参照してください。

```
> z = qnorm(1 - 0.022) # z = qnorm(0.022)とすると符号がマイナスで、
-2.014091と表示されます。
> z
[1] 2.014091
```

z を式（5.1）に代入し、r を求めます。

```
> z / sqrt(15) # sqrt()は平方根を返します
[1] 0.520036
```

　$r=0.520$ の効果量は大きく、男女間で電話を掛ける回数には大きな差があると判断できます（竹内・水本, 2014, p.356）。

4 結果の書き方

分析結果の書き方は以下のようになります。

　電話をかける回数に男女間で違いがあるかを調べるため、大学 2 年生 15 名（男子 8 名、女子 7 名）を対象に過去 2 週間で自分から電話をかけた回数を調べた。
　サンプル数は小さく、男子のデータは外れ値が多く、Shapiro-Wilk 検

定によるとデータ分布は正規性が満たされていなかった（$p < .001$）。また、男女とも同順位が多かった。そこで、正確ウィルコクソン検定を行った。

その結果、男女間で電話をかけた回数に有意な差が認められた（$W = 8.5$, $p = 0.022$, $r = .52$）。女子（中央値 ＝8）が男子（中央値 ＝1.5）よりも電話をかける回数が有意に多かった。

5 まとめ

2条件（群）のデータを比較する場合、まずデータの対応の有無を考えます。対応のあるデータの場合、正規性が確認できれば t 検定を、正規性を大きく逸脱していればウィルコクソンの符号順位和検定、または同順位が多ければ正確ウィルコクソン検定を使用します。

一方、対応のないデータの場合は、等分散の検定の結果次第で、等分散であれば t 検定を、等分散でなければ Welch の t 検定を用います。また、対応のないデータが正規性を大きく逸脱している場合はウィルコクソンの順位和検定（U 検定）または同順位が多ければ正確ウィルコクソン検定を用います。以上のことを、表 5.1 に整理しておきます。

表 5.1　2条件の場合の分析（尺度については Chapter 2 を参照）

尺度	対象	対応あり	対応なし
間隔	平均値	t 検定 t.test(x, y, paired = TRUE)	等分散の場合：t 検定 t.test (x, y, paired = FALSE, var.equal = TRUE) 等分散でない場合 :Welch の t 検定
順序	中央値	ウィルコクソンの符号順位和検定 wilcox.test(x, y, paired = TRUE) 同順位が多い場合は 正確ウィルコクソン検定 wilcox.exact(x, y, paired = TRUE)	ウィルコクソンの順位和検定（U 検定） wilcox.test(x, y) 同順位が多い場合は 正確ウィルコクソン検定 wilcox.exact(x, y)

6 便利な関数

```
wilcox.test(x, y) # ウィルコクソンの順位和検定（U検定）
```

```
wilcox.exact(x, y) # 正確ウィルコクソン検定(同順位のデータが多い場合)
par(mfrow=c(m, n)) # 図の配列を行列数で規定
```

7 類題

　A高校とB高校の剣道部員でどちらが日頃自主的に素振りを多くしているかを調べてみることにしました。A高校は関東大会出場常連校、B高校は県大会3回戦突破を目指す高校です。部活が休みになる定期試験期間中に自宅で1日何本、素振りをしているかを両校の部員それぞれ8名に聞いてみました。A高校とB高校の素振りの回数に有意な差があるかを5％水準で検定しましょう。

A高校	300	500	100	200	0	400	500	200
B高校	0	50	100	500	100	0	100	100

(単位は回数)

Chapter 5

発展

三条件以上の対応のない順序データを比較する

―サッカー選手はポジションによって性格が異なるか―

1 Theory

　対応のない2条件のデータで、サンプルサイズが小さい場合や外れ値が多い場合、すなわち分布に正規性が期待できない場合の2条件を比較するには、尺度を間隔尺度から順序尺度としてウィルコクソンの順位和検定（U検定）または正確ウィルコクソン検定を用いることを学びました。

　発展編では、3条件以上の対応のないデータの場合の順序尺度のデータを比較する方法について学びます。その場合はクラスカル・ウォリス検定を用いて、もし結果が有意の場合は Steel-Dwass 法による多重比較を行います。

2 研究課題

　野球やサッカーのポジションによって選手の性格は異なるのでしょうか。たとえば、野球ではピッチャー（投手）は他のポジションの選手に比べて勝ち気で目立ちたがりであるといわれる一方、キャッチャーは冷静沈着で包容力があるといわれます。果たして団体競技のポジションによって選手の性格に違いがあるのでしょうか。

　そこで、中学、高校、大学のサッカー部に所属する選手60名を対象に調べました。ポジションはFW（フォワード）、MF（ミッドフィルダー）、DF（ディフェンス）、GK（ゴールキーパー）の4種類としました。

　性格を調べる検査として東大式エゴグラムを用いました。回答者は53項目の質問に対して3件法（2＝そう思う、1＝どちらともいえない、0＝そ

う思わない）で回答しました。

3 分析の手順

[使用ファイル] position_retry.csv
[使用パッケージ] psych、NSM3

	id	position	優柔不断	貫く	好奇心旺盛	他人の評価
1	1	FW	1	2	0	2
2	2	FW	2	2	2	2
3	3	FW	1	1	2	1
4	4	FW	0	2	2	0
5	5	FW	1	2	2	2
6	6	MF	2	2	2	2
7	7	MF	2	2	2	1
8	8	MF	2	2	2	2
9	9	MF	2	2	2	2
10	10	MF	2	1	2	2
11	11	MF	0	2	1	2
12	12	MF	0	2	2	1
13	13	MF	2	1	2	2
14	14	MF	2	2	2	0
15	15	MF	2	2	2	2
16	16	MF	2	1	2	2
17	17	MF	2	2	2	2
18	18	MF	0	2	0	1

図 5.4　position_retry.csv

3.1 データの読み込み

position_retry.csv を保存した場所を R Console のメニュー「ファイル」
→「ディレクトリの変更...」で指定します。そして、日本語入力が含まれるファ
イルですので（図 5.4）、以下のコマンドでファイルを呼び出します。

```
> dat = read.csv("position_retry.csv", fileEncoding="shift-jis")
> attach(dat)
```

position（図 5.4 の 2 列目）の変数型を factor（因子型）に変更します。

```
> dat$position = factor(dat$position)
```

position の型が factor（因子型）に変更されたのを class() で確認します。

```
> class(dat$position)
[1] "factor"
```

position 別の人数を調べておきます。

```
> table(dat[, 2])
DF FW GK MF
20  5  7 28
```

ディフェンス（DF）が 20 人、フォワード（FW）が 5 人、ゴールキーパー（GK）が 7 人、ミッドフィルダー（MF）が 28 人です。

3.2 クラスカル・ウォリス検定

ここでは、全 53 項目の性格特性のうち、「責任感」と「自由な発想好き」で position（ポジション）ごとに差があるかどうかを検定します。

まず「責任感」です。クラスカル・ウォリス検定には kruskal.test() を用います。引数は「従属変数 ~factor(因子), data = データフレーム」です。

```
> kruskal.test(dat$責任感~factor(dat$position), data=dat)
        Kruskal-Wallis rank sum test
data:  dat$責任感 by factor(dat$position)
Kruskal-Wallis chi-squared = 2.9997, df = 3, p-value = 0.3917
```

帰無仮説「母集団の分布（中央値）は等しい」を棄却できません（$p <$ .05）。よって、position によって「責任感」には差がないと判断します。

「自由な発想好き」はどうでしょうか。

```
> kruskal.test(dat$自由な発想好き~factor(dat$position), data=dat)
        Kruskal-Wallis rank sum test
data:  dat$自由な発想好き by factor(dat$position)
```

```
Kruskal-Wallis chi-squared = 8.693, df = 3, p-value = 0.03366
```

　帰無仮説「母集団の分布（中央値）は等しい」は5%水準で棄却されました。つまり、positionによって「自由な発想好き」な程度は異なるようです。

　そこで、具体的にどのポジション間で「自由な発想好き」に違いがあるのかを調べます。まず、by()を使ってポジションごとの記述統計（summary）を調べます。by()の引数は「従属変数, 独立変数, summary」です。

```
> by(dat$自由な発想好き, dat[, 2], summary)
dat[, 2]: DF
   Min. 1st Qu.  Median    Mean 3rd Qu.    Max.
    0.0     0.0     0.5     0.8     2.0     2.0
-----------------------------------------------------------------
dat[, 2]: FW
   Min. 1st Qu.  Median    Mean 3rd Qu.    Max.
    0.0     0.0     1.0     0.6     1.0     1.0
-----------------------------------------------------------------
dat[, 2]: GK
   Min. 1st Qu.  Median    Mean 3rd Qu.    Max.
 0.0000  0.0000  1.0000  0.8571  1.5000  2.0000
-----------------------------------------------------------------
dat[, 2]: MF
   Min. 1st Qu.  Median    Mean 3rd Qu.    Max.
  0.000   1.000   2.000   1.429   2.000   2.000
```

　中央値（median）に注目してください。MFの中央値が四つのポジションの中では唯一最高点の2.0を示し、高いことがうかがえますね。MFが四つのポジション別では最も自由な発想好きなのでしょうか。では、検定（多重比較）をしてみます。

3.3　多重比較

　具体的にどのポジション間で自由な発想をすることに差があるかを、Steel-Dwass法による多重比較（平井・岡・草薙, 2022, p.231）を用いて突き止めます。Steel-Dwass法はデータが正規分布に従わない場合の多重

比較の方法の一つです（繁桝・柳井・森, 2008, p.72）。Steel-Dwass 法にはパッケージ NSM3 が必要です。pSDCFlig( ) を用います。

```
> install.packages("NSM3", dependencies=TRUE)
> library(NSM3)
  要求されたパッケージ MASS をロード中です
  要求されたパッケージ partitions をロード中です
```

では、pSDCFlig( ) を用いて多重比較を行います。ポジションが四つ（DF、FW、GK、MF）あるので組み合わせ数は 4 × 3 / 2 で六つあります。下線部がそれぞれの p 値です。

```
> pSDCFlig(dat$自由な発想好き, dat$position)
Ties are present, so p-values are based on conditional null
distribution.
Group sizes: 20 5 7 28
Using the Monte Carlo (with 10000 Iterations) method: # モンテカルロ
法といいます

For treatments DF - FW, the Dwass, Steel, Critchlow-Fligner W
Statistic is -0.4156.
The smallest experimentwise error rate leading to rejection is 0.9891 .

For treatments DF - GK, the Dwass, Steel, Critchlow-Fligner W
Statistic is 0.2542.
The smallest experimentwise error rate leading to rejection is 1 .

For treatments DF - MF, the Dwass, Steel, Critchlow-Fligner W
Statistic is 3.3987.
The smallest experimentwise error rate leading to rejection is 0.0678 .
# DFとMFの差が有意傾向（p < .10）にあることがクラスカル・ウォリス検定結
果が有意であった理由の一つのようです

For treatments FW - GK, the Dwass, Steel, Critchlow-Fligner W
Statistic is 0.6204.
The smallest experimentwise error rate leading to rejection is 0.9568 .
```

```
For treatments FW - MF, the Dwass, Steel, Critchlow-Fligner W
Statistic is 3.1875.
The smallest experimentwise error rate leading to rejection is 0.0947 .
# FWとMFの差が有意傾向にあることも（p < .10）、DFとMFの差に加えてクラス
カル・ウォリス検定結果が有意であった理由の一つのようです

For treatments GK - MF, the Dwass, Steel, Critchlow-Fligner W
Statistic is 2.2908.
The smallest experimentwise error rate leading to rejection is 0.3513 .
```

　以上より、MF が DF と FW よりも自由な発想が好きな傾向にあることが示されました。有意確率が5%以上10%未満の場合は（.05 < p < .10）、「有意傾向にある」と表現します。この場合、実質的に差があるかについては効果量が重要な判断材料になります。

3.4　効果量（r）の算出

　統計的仮説検定は確率的な差の有無を推定しているだけで（Chapter 2）、その差が実質的にどの程度の大きさかについては何ら情報を与えてくれませんでした。そこで、効果量を算出し、MF が DF と FW に比べて、どの程度自由な発想が好きな人たちなのかを確認します。とりわけ 3.3 において p 値が「有意傾向」にとどまっていたので効果量の大きさがポジション間の違いの有力な判断材料となり得ます。順序尺度を含むノンパラメトリック検定での効果量（r）の式（5.1）から、まず p 値から z を求める必要がありましたね。

　最初に、MF と DF 間の効果量を出します。

```
> z = qnorm(1 - 0.0678)
> z
[1] 1.492378
> r = z / sqrt(60)
> r
[1] 0.1926652
```

効果量は小～中ですね。

続いて、MF と FW 間の効果量を出します。

```
> z = qnorm(1 - 0.0947)
> z
[1] 1.312356
> r = z / sqrt(60)
> r
[1] 0.1694244
```

効果量は小〜中ですね。

効果量はいずれも大きくなかったので、p 値（0.0678、0.0947）とあわせて考えると、MF には自由な発想を好む人が FW や DF の人に比して多い傾向にあるという表現にとどめておきます。MF というポジションが FW と DF に比べてゲーム作りやパス回しに創造性を発揮できるポジションだとすると、そのポジションの特性を反映した結果であるといえるかもしれません。

参考文献

黒田英隼（2023）.「サッカー選手はポジションによって性格が異なるか―エゴグラム分析を用いた性格調査―」. 法政大学理工学部創生科学科卒業論文

二つの変数の関係性を数値化する
―音楽的能力と数学の力の相関―

1 Theory

　Chapter 1 で 2 変量（英数）の関係性を可視化する方法（散布図）を学びました。ここでは、もう一歩前に進めて、その関係性を数量化する方法を学びます。2 変量（x、y）の量的変数の関係性を表す場合、ピアソンの相関係数を用いるのが最も一般的で、それは式（6.1）で定義されます。

$$相関係数(r) = \frac{共分散}{SD_x \times SD_y} \tag{6.1}$$

（SD_x、SD_y はそれぞれ x と y の標準偏差）

　つまり、相関係数（r）とは共分散をそれぞれの標準偏差の積で割ったものです。共分散とは回答者一人ひとりの 2 変量の偏差（平均点とスコアの差）を乗じて平均を取った値のことです。したがって、測定単位が大きいとそれに応じて値が大きくなり、値どうしを一様に比較することができません（山田・杉澤・村井 , 2008, pp.61–62）。そこで、共分散を 2 変量の標準偏差（sd）の積で割ることで、相関係数（r）を測定単位とは独立した比較可能な値にしています。

　相関を解釈する際に注意点が二つあります。第 1 に、相関があるのに見逃したり、相関がない（弱い）のにあると判断したりすることです。これを防ぐには数値化する前にデータの分布を可視化して全体像を俯瞰することです（豊田 , 2015, p.140）。第 2 に、外れ値がある場合です。外れ値を除くことで相関が見えてくることがあるからです。外れ値を含めたまま分析をする際は、間隔尺度から順序尺度に落としてピアソンの相関係数に代えてスピアマンの順位相関係数で関係性を表現します。間隔尺度から順序尺度に尺度

を落とす考え方は、t 検定→ウィルコクソンの順位和検定（U 検定）（Chapter 5）と同じですね。

2 研究課題

　Chapter 4 では大学生 20 名を対象に、音楽経験の有無によって音楽的能力に違いがあるかどうかを調べました。その結果、音楽経験がある人はない人に比べて音楽的能力が高い傾向にあることが示されました。しかし、考えてみればこれはさほど驚く話でもありません。

　音楽的能力と数学の力の関係はどうなっているのでしょうか。拍が分数で表されることからも，音楽と数学には密接な関係がありそうです。ドイツの哲学者のライプニッツは「音楽とは無意識的な算数の練習である」といっています（武笠, 2017）。数学者のオイラーはチェンバロの名手であり、アインシュタインは生涯ヴァイオリンを手放さなかったといわれています（西原・安生, 2013）。ショパンの数々の名曲も数学的計算が緻密に施されています。

　そこで、本研究では音楽的能力と数学の力は関係があるかどうか、あるとしたら音楽的能力の五つの下位能力（Chapter 4）のうち、どの能力と数学の力と関係が深いのかを調べることにしました。

　それを調べるために、Chapter 4 で用いた音楽能力テストに加えて新たに数学能力テストを作成しました。数学能力は以下の四つの下位能力から構成される力としました。

① 空間把握能力
② 論理的能力（文章題の条件や前提を把握する力）
③ 推理能力（未知のものを既知のものから推測・応用できる力）
④ 計算能力

　そして、回答者が正答に至るまでの解答時間（秒）を数学能力として定義しました。不正解の場合は所要解答時間を割り増しして（ここでは詳細は省略）調整しました。図 6.1 の G 列（数学）が正答までに要した秒数です。

	音高	強度	リズム	長短	音記憶	音楽	数学
	15	14	13	15	12	69	1762
	13	17	13	11	9	63	1229
	11	23	16	16	14	80	1028
	17	21	13	11	16	78	646
	15	22	13	13	11	74	1555
	15	22	14	13	12	76	1531
	13	15	14	17	7	66	1359
	19	20	11	17	13	80	1006
	15	22	11	9	6	63	1041
	15	21	16	18	11	81	851
	20	22	15	19	11	87	1011
	12	22	15	17	12	78	1097
	18	19	14	13	9	73	1843
	14	21	15	10	6	66	1112
	18	21	15	11	13	78	1275
	17	16	14	10	13	70	1665
	19	21	15	11	14	80	1031
	17	24	14	10	13	78	1058
	24	24	16	17	16	97	1017
	20	22	16	17	14	89	1036

図 6.1　abe_music_math_2.csv

3　分析の手順

| 1 データの読み込み | → | 2 記述統計と可視化 | → | 3 相関係数の算出 | → | 4 可視化 | → | 5 信頼性係数の算出 |

使用ファイル　abe_music_math_2.csv、abe_107_01.csv
使用パッケージ　psych、psy

3.1　データの読み込み

abe_music_math_2.csv を保存した場所を R Console の「ファイル」→「ディレクトリーの変更 ...」で指定します。そして、以下のコマンドを打ちます。日本語入力が含まれるファイルなので、ここではファイル名を直接打ち込む方法でファイルを呼び出しました。

```
> dat = read.csv("abe_music_math_2.csv", fileEncoding="shift-jis")
> attach(dat)
> head(dat) # 最初の6行を示してくれます。
  音高 強度 リズム 長短 音記憶 音楽 数学
1   15   14     13   15     12   69 1762
2   13   17     13   11      9   63 1229
```

```
3   11   23       16   16       14  80  1028
4   17   21       13   11       16  78   646
5   15   22       13   13       11  74  1555
6   15   22       14   13       12  76  1531
```

3.2 記述統計と可視化

記述統計量を表示してみましょう。

```
> library(psych)
> describe(dat)
        vars  n     mean      sd median  trimmed     mad
音高       1 20    16.35    3.17   16.0    16.25    2.97
強度       2 20    20.45    2.84   21.0    20.75    1.48
リズム     3 20    14.15    1.50   14.0    14.31    1.48
長短       4 20    13.75    3.26   13.0    13.69    4.45
音記憶     5 20    11.60    2.93   12.0    11.75    2.22
音楽       6 20    76.30    8.75   78.0    75.88    6.67
数学       7 20  1207.65  315.90 1077.5  1190.69  165.31
        min  max range  skew kurtosis     se
音高      11   24    13  0.40    -0.33   0.71
強度      14   24    10 -0.95    -0.26   0.63
リズム    11   16     5 -0.60    -0.47   0.33
長短       9   19    10  0.08    -1.67   0.73
音記憶     6   16    10 -0.52    -0.70   0.65
音楽      63   97    34  0.36    -0.32   1.96
数学     646 1843  1197  0.52    -0.73  70.64
```

　研究課題は音楽的能力と数学の力の関係性を調べることでした。そこで、音楽能力テストの総合点「音楽」（図6.1のF列）と数学の正解に至るまでの解答所要時間「数学」（図6.1のG列）の関係性を可視化します（図6.2）。

```
> plot(音楽, 数学, main="音楽と数学の関係") # 1行です。
```

　上と右の枠線を消したければ以下のようにします（Chapter 1、図6.3）。

```
> plot(音楽, 数学, main="音楽と数学の関係", frame.plot=FALSE)
```

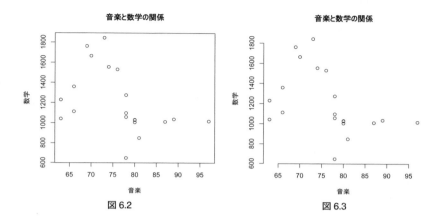

図 6.2　　　　　　　　　　　　　　図 6.3

　一目、グラフは右肩下がりで、音楽能力（横軸）が上がると解答時間（縦軸）が短くなるように見えますね。果たして、この二つの能力には相関関係はあるのでしょうか。

3.3　相関係数

　ピアソンの相関係数は cor( ) で求めます。cor は correlation（相関の意）の略です。ピアソンの相関係数（r）は、$-1 < r < 1$ の値をとり、大きさは絶対値で概ね表 6.1 のように解釈されます（吉田, 1998, p.74）。

表 6.1

相関係数	解釈
< 0.2	ほとんどない
0.2 ～ 0.4	弱い
0.4 ～ 0.7	中程度
> 0.7	強い

　＋の相関であれば「正の相関がある」、－の相関であれば「負の相関がある」といいます。前者の意味は、片方が増えればもう片方も増える、片方が減ればもう片方も減るということです。一方、後者の意味は、片方が増えればもう片方は減る、片方が減ればもう片方が増える傾向にあるという意味です。

```
> cor(音楽, 数学)
[1] -0.4154631
```

負の相関を示していますね。本研究課題の場合、マイナスは「音楽的能力が高ければ数学の問題に正解する時間が短くなる（数学の力が高い）」ことを意味します。図 6.2、図 6.3 から外れ値が気になる読者はスピアマンの順位相関係数（r_s）も出しておきましょう。cor() の引数 method で method = "spearman" と指定します。半角「"」と「"」で囲むのを忘れないでください。

```
> cor(音楽, 数学, method="spearman")
[1] -0.6694525
```

かなり数字が上がりました。ここまでで、音楽的能力と数学能力との間には中程度の相関（0.415 または 0.670）が見て取れました。

ちなみに、式 (6.1) にあてはめて計算してみます。

$$相関係数(r) = \frac{共分散}{SD_x \times SD_y} \qquad (6.1 再掲)$$

まず、分子の共分散を求める際には cov() を用います。cov は covariance（共分散）の略です。

```
> cov(dat[, 6],dat[, 7]) # cov(dat$音楽, dat$数学)でも同じです。
[1] -1148.205
```

分母は音楽と数学それぞれの標準偏差の積でした。3.2 の「記述統計」より、それぞれ 8.75、315.90 とわかっているので、

```
> 8.75 * 315.90
[1] 2764.125
```

したがって r は、

```
> -1148.205 / 2764.125
[1] -0.4153955
```

ピアソンの相関係数ですね。cor( )のアウトプットとは若干異なりますが、計算方法の違いかと思われます。

音楽的能力と数学の力との間には中程度の相関があることが示されました。しかし、音楽的能力の五つの下位能力のうち、特にどの能力と数学の力との関連性が強いのでしょうか。ある課題に取り組んでいると、もう少し知りたくなることが研究ではよくあることです。そこで、もう一つの研究課題を立てました。

「音楽的能力の下位能力のうち、数学の力と関係が深い能力はどれか」。

音楽的能力の下位能力は以下の五つです。
① 音の高低差を識別できる力（音高識別能力）
② 音の大小を識別できる力（強度識別能力）
③ リズムや拍を感じ取る能力（リズム能力）
④ 音の長さを識別する能力（長短識別能力）
⑤ 音を記憶する能力（音記憶能力）

下位能力別の得点と正解にいたる時間（数学）との相関を調べてみることにしました。相関係数の桁数を小さくして見やすくするために options( ) を使って引数 digits = 3 とします。

```
> options(digits=3) # 小数点3桁で返してくれの意味です。
> cor(dat) # すると
         音高    強度  リズム   長短  音記憶
音高    1.000   0.274   0.133   0.136   0.476
強度    0.274   1.000   0.318   0.047   0.321
リズム  0.133   0.318   1.000   0.375   0.315
長短    0.136   0.047   0.375   1.000   0.204
音記憶  0.476   0.321   0.315   0.204   1.000
音楽    0.684   0.603   0.567   0.570   0.741
数学   -0.140  -0.563  -0.174  -0.161  -0.275
```

	音楽	数学
音高	0.684	-0.140
強度	0.603	<u>-0.563</u>
リズム	0.567	-0.174
長短	0.570	-0.161
音記憶	0.741	-0.275
音楽	1.000	-0.415
数学	-0.415	1.000

　五つの下位能力の中で数学との相関が最も強いのは「強度」です（$r =$ $-.563$）。

3.4　相関の可視化

　pairs.panels( ) で変数間の相関関係を可視化します。それには、パッケージ psych が必要です。

```
> library(psych) # 呼び出します。
> pairs.panels(dat[, 1:7])
```

　[ ] の中はコンマ（,）を挟んで左が行、右が列を表しています（準備編）。また、何も書かない場合は「すべて」を表しています。上記の場合、図6.2 のすべての行の「第1列～第7列を読んでくれ」の意味です。アウトプットされた図6.4 は、対角線上にヒストグラムが、対角線左側に散布図と回帰直線および相関円、対角線右側には相関係数が配置されています。

　スピアマンの相関係数を用いる場合は、引数に method = "spearman" と指定します。また、図6.4 で表示した相関円が必要ない場合は ellipse = FALSE とします。加えて、stars = TRUE として有意な相関係数（5%水準で）に * をつけることができます。さらに pch = 21 で散布図のドットを少し大きくしました（図6.5）。

```
> pairs.panels(dat[, 1:7], ellipse=FALSE, stars=TRUE,
method="spearman", pch=21)
```

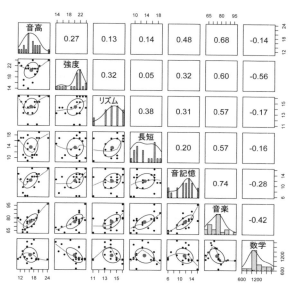

図 6.4　ピアソンの積率相関係数

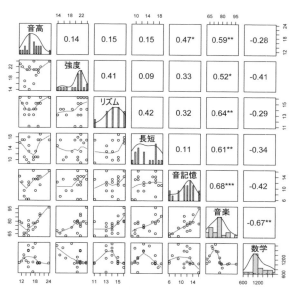

図 6.5　スピアマンの順位相関係数（有意な相関係数に＊印）

3.5 信頼性係数

本研究の音楽的能力テストのようにオリジナルな測定具を作成・開発し、そのテスト結果に基づいて解を論じるときは、その測定具の信頼性を示すことがあります。信頼性とは、テストの各項目が均質であるか——本研究にあわせて言い換えると音楽的能力を一貫して測っているかどうかを——問います。それによって、導き出された結果の解釈に影響を与えるからです。測定具の信頼性が高ければ解の解釈に普遍性が出ますし、低ければ解の解釈も自ずと限定的になります。

一般に、測定具の信頼性を示すにはクロンバックのα係数を用います。クロンバックのα係数は 0.00 ～ 1.00 の値をとり、1 に近づけば信頼性が高いとされ、0.8 以上が望ましいです（鎌原・宮下・大野木・中澤, 2016）。クロンバックのα係数を R で算出するためには**全回答者の全項目に対する回答情報**（正解か不正解か）とパッケージ psy が必要です。では、全回答者の全項目に対する回答情報を入れたファイル（abe_107_01.csv）を呼び出すことから始めます。

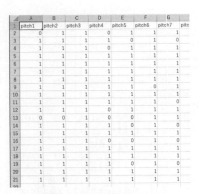

図 6.6　abe_107_01.csv

abe_107_01.csv を保存した場所を R Console の「ファイル」→「ディレクトリーの変更 ...」で指定し、dat2 に代入します。

```
> dat2 = read.csv("abe_107_01.csv") # dat2であることに注意。
> attach(dat2) # dat2であることに注意。
```

続いてパッケージ psy の導入を行います。

```
> install.packages ("psy", dependencies=TRUE)
> library(psy)
```

クロンバックの α 係数は cronbach( ) で求められます。

```
> cronbach(dat[, 1:107]) # 音楽テストの全項目数は107項目でした
 (Chapter 4)
 `[.data.frame`(dat, , 1:107) でエラー:  未定義の列が選ばれました
> cronbach(dat2[, 1:107]) # 間違えました。dat2でしたね。
$sample.size
[1] 20 # 回答者数は20人でした。
$number.of.items
[1] 107 # 項目数
$alpha
[1] 0.7862888
```

α 係数が 0.7986 は内的一貫性が高いといえるでしょう。

Column

信頼性と妥当性のどちらが大事か。

　測定具（テスト）の信頼性と妥当性はテストの質を担保する二大要素です。信頼性とは安定して対象者の当該の能力を引き出すことができているか、妥当性とは測ろうとしている能力・資質が過不足なく測られているかを問います。したがって、どれだけ信頼性を満たしていても、どれだけ測定具として精巧であったにしても、そもそも測らなければならない能力が測れていなかったり、測ろうとしている能力・資質以外の能力を測っていたら、つまり妥当性をないがしろにしていたら、測定具（テスト）としては役に立ちません。正確な体重計で数学の力を測れないのと同じです。したがって、測定具（テスト）の資質としては妥当性が信頼性に優先されるといえるでしょう。

4 | 結果の書き方

結果をまとめましょう。

> 　音楽的能力と数学の力との関係を大学生 20 名を対象に調べた。その結果、二つの能力の間には中程度の相関（$r = -.42$, $r_s = -.67$）がみられた。音楽的能力の下位能力五つのうち、数学の力と特に相関が高かったのは強度識別能力（$r = -.56$, $r_s = -.41$）であり、他の四つの下位能力とは弱い相関しか見られなかった。

5 | まとめ

　二つの量的変数間の関係性を検討するには、まず、散布図を描いて分布の全体像を俯瞰すること、そして外れ値がなければピアソンの相関係数（r）を、外れ値が一定数あればスピアマンの相関係数（r_s）を用いて数量化することを学びました。音楽的能力と数学の力の間には中程度の（$r = -.42$ または $-.67$）関連があることが示されました。アインシュタインもヴァイオリンを奏でながら相対性理論の発芽を感じ取っていたのかもしれません。

6 | 便利な関数

```
cor(dat)
cor(x, y)
cor(x, y, method="spearman")
options(digits=3)
pairs.panels(dat[, l:m])
cronbach(dat[, l:m])
```

7 類題

問 1. 国語力と数学力の関係はどのようになっているのでしょうか。国語力の一部分である読解力と表現力は、数学の証明問題を解く際に必要な力と関係があるような気がします。そこで、読解力、表現力（書く力）、数学力を測る 3 種のテストを作成し、20 名の大学生に解いてもらいました。それぞれのテストの満点は読解力（reading）が 20 点、表現力（writing）が 10 点、数学力（proof）が 15 点です。読解力、表現力、数学力の相関を調べてみましょう。

使用ファイル proof_tsukamoto2.csv

	A	B	C
1	reading	writing	proof
2	15	5	5
3	20	10	14
4	14	10	11
5	12	5	3
6	9	5	0
7	10	0	3
8	11	5	8
9	12	5	8
10	20	10	11
11	19	10	10
12	14	10	12
13	19	10	6
14	8	0	2
15	13	5	13
16	20	10	14
17	17	10	10
18	19	10	8
19	12	5	4
20	18	10	7
21	17	10	12

図 6.7　proof_tsukamoto2.csv

問 2. 英語の文法力、リスニング力、リーディング力はどのような関係にあるのでしょうか。ここでいう英語の文法力とは英語の 5 文型を構造認識できる力と定義します。文法力はリスニング力よりもリーディング力と関係が強い気もします。そこで、文法力を測る計 32 項目（32 点満点）のテスト（柳川, 2016）と TOEIC L&R（それぞれ 495 点満点）を 497名の大学生を対象に実施しました。文法力、TOEIC L（リスニング）、TOEIC R（リーディング）の相関を調べてみましょう。

7　類題 ｜ 111

使用ファイル trlk32.csv

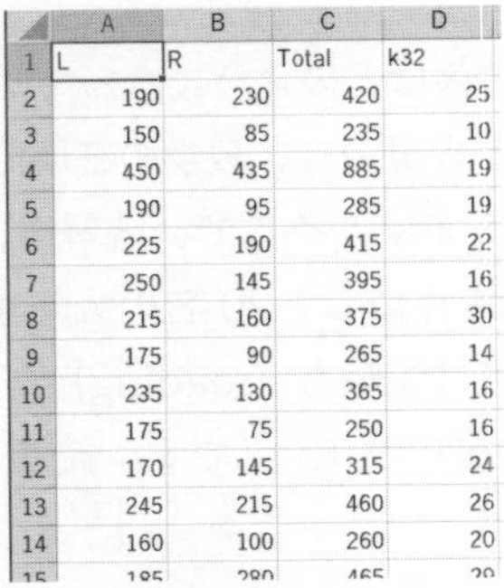

	A	B	C	D
1	L	R	Total	k32
2	190	230	420	25
3	150	85	235	10
4	450	435	885	19
5	190	95	285	19
6	225	190	415	22
7	250	145	395	16
8	215	160	375	30
9	175	90	265	14
10	235	130	365	16
11	175	75	250	16
12	170	145	315	24
13	245	215	460	26
14	160	100	260	20
15	185	280	465	20

図 6.8　trlk32.csv

参考文献

阿部将希（2022）.「音楽的能力が数学的能力に与える影響」法政大学理工学部創生科学科卒業論文.

武笠桃子（2017）.「ドイツ観念論と音楽」『東京女子大学紀要論集』, *68*, 1, 139.

西原稔・安生健（2013）.『アインシュタインとヴァイオリン－音楽のなかの科学－』(ヤマハミュージックエンタテインメントホールディングス).

柳川浩三（2016）.「大学生は「五文型」を理解しているのか―共通項目によるラッシュモデル分析－」『関東甲信越英語教育学会紀要』, *30*, 15-28.

2 × 2 のクロス集計表を分析する
―身ぶり手ぶりは聞き手の理解を促進するか―

1 | Theory

　Chapter 6 で二つの量的変数（音楽的能力と数学の力）の関係性を数値化する手法として相関分析を学びました。本章と次章では質的変数（名義変数）間のデータの関係性を数量化する手法を学びます。

　名義変数とは性別、出身大学、好きなスポーツなどの名義（カテゴリー）にあてはまる頻度数で表現する変数のことでした（Chapter 2）。本章では特に、二つの名義変数がそれぞれ二つのカテゴリー（水準）をもつ場合の関係性の調べ方を学びます。そして、次章ではそれぞれの名義変数が 3 水準以上ある場合について考えます。

2 | 研究課題

　人類を含む霊長類は言語を生み出すよりもはるか以前に身振り・手ぶり(ボディランゲージ)によって意思の疎通を図ってきました。人間のコミュニケーションは音声言語から始まったのではなく、ボディランゲージから始まったのです（山極, 2022）。こうした主張は、人と人とのコミュニケーションの80% は視線や表情の非言語情報によって行われているとする説とも一致します。しかし、非言語情報の一つであるボディランゲージが聞き手の理解にどのような影響を与えるかについては今まであまり関心が向けられてきませんでした。そこで、ボディランゲージが聞き手の理解に及ぼす影響について、大学生 53 名を対象に調べてみることにしました。

　1 分程度の動画を 2 種類作成しました。一つはボディランゲージが自然に入った動画、もう一つはボディランゲージが入っていない動画です。ボディ

ランゲージの有無を除けば2種類の動画は話すスピード、ポーズの長さ、話し手の服装まですべて同じにしました。話す内容は「禁煙の日(毎月22日)」設立の背景と狙いを説明するものです。実験開始に先立って、試作した動画を第三者が視聴し二つの動画に不自然な点がないことを確認しました。

聞き手の内容理解を測るための問いを用意しました。多肢選択問題2問と記述式問題2問の計4項目です（表7.1）。そして、大学生53名を無作為に二つのグループに分け、一つのグループ26名にはボディランゲージあり（以下、BLあり）の動画を、もう一つのグループ27名にはボディランゲージなし（以下、BLなし）の動画を視聴させました。参加者はそれぞれの動画を見た直後に内容に関する問いに解答し、解答は統一されに基準で採点されました。

表 7.1

	形式	質問項目
Q1	選択	何の記念日のことか
Q2		記念日を設定した団体の名称は何か
Q3	記述	なぜ、その日を記念日としたのか
Q4		マナーの悪い人の行動の例を指摘せよ

3 分析の手順

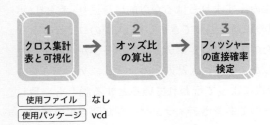

使用ファイル	なし

| 使用パッケージ | vcd |

3.1 クロス集計表と可視化

内容に関する問いごとの実験群と統制群別の正解者数は、表7.2のようになりました。この表を**分割表（クロス集計表）**と呼びます。Q2を除く他の3項目では正解者数にほとんど差がないと判断し、Q2についてのみ

分析を進めることにしました。Q2 の結果を改めて表 7.3 にします。これを matrix() を用いて「行列」型に変換する作業が分析のスタートになります。

表 7.2　正解者数

	質問項目	BL あり（26）	BL なし（27）
Q1	何の記念日のことか	24	24
Q2	記念日を設定した団体の名称は何か	21	10
Q3	なぜ、その日を記念日としたのか	24	25
Q4	マナーの悪い人の行動の例を指摘せよ	21	20

表 7.3　Q2 の群別正解者数（率）

	正解者数	不正解者数
BL あり（26）	21 (80.8%)	5 (19.2%)
BL なし（27）	10 (37.0%)	17 (63.0%)

行列型データを matrix() を用いて mat に代入します。

```
> mat = matrix(c(21, 5, 10, 17), ncol=2, byrow=TRUE) # ncolは列数、
byrowは行ごとの意味
> mat
     [,1] [,2]
[1,]   21    5
[2,]   10   17
```

行列のラベルを付けてわかりやすくします。

```
> rownames(mat) = c("BLあり", "BLなし")
> mat
       [,1] [,2]
BLあり   21    5
BLなし   10   17
> colnames(mat) = c("正解者数", "不正解者数")
> mat
      正解者数 不正解者数
BLあり      21          5
BLなし      10         17
```

見やすくなりましたね。

表 7.3 を mosaicplot( ) を用いて可視化します。第 1 引数は mat です。

```
> mosaicplot(mat, main="BLの有無によるQ2の正解者数", col="orange")
```

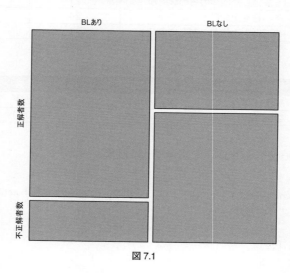

BLの有無によるQ2の正解者数

図 7.1

　引数の main はタイトルです。色はお好きな色を設定してください。続く 3.2
では二つの名義変数間の関係性の数量化を試みます。

3.2　オッズ比の算出

　二つの量的変数の平均値間にどの程度の差があるかを吟味するときには効
果量を指標として用いました（Chapter 3 ～ 5）。名義変数の頻度の差を吟
味するときに指標となるのがオッズ比や連関係数（Chapter 8）です。オッ
ズ比とは「ある事象が生起する確率と生起しない確率の比」です（逸見，
2018, p.267）。両者が等しいとき、つまり、名義変数間に関連がないときオッ
ズ比は 1 になります。R を使ったオッズ比の算出にはパッケージ vcd が必要
で、oddsratio( ) を用います。

メニューバー「パッケージ」から「パッケージのインストール ...」を選択し、vcd を探してインストールします。

```
> library(vcd)
要求されたパッケージ grid をロード中です
```

oddsratio() の第 1 引数は行列のデータフレーム (mat)、対数変換しないので log = FALSE とします。

```
> oddsratio(mat, log=FALSE)
odds ratios for and
[1] 7.14
```

オッズ比 7.14 が得られました。この 7.14 は、解答の正誤が BL の有無とは独立に（関係なく）決まる場合に（正解率の差に対応する）オッズ比は 1 となるので、Q2 の正解率の差が両者で 7.14 倍あるということを意味しています。

続いて、オッズ比が 1 ではない――2 条件間（実験群と対照群）で生起している確率が等しくない――95% 信頼区間を confint() で求めます。

```
> confint(oddsratio(mat, log=FALSE)) # この区間に1が含まれていなければ
2群間で有意な差があることを示します（小林, 2017, p.156）。
                                        2.5 %     97.5 %
BLあり:BLなし/正解者数:不正解者数       2.0466    24.90941
```

オッズ比が 1 でない（生起している確率が等しくない）95% 信頼区間は、オッズ比が 2.0466 〜 24.909 の範囲にある場合です。この信頼区間は 1 をまたいでいません。したがって、ボディランゲージ（BL）の有無によって Q2 の正答率（正答数）に違いが出たと考えます。

理解を深めるためにオッズ比を手計算しましょう。

オッズ比の手計算：Q2 に関して

$$\frac{実験群（BL あり）の正解者数/不正解者数}{統制群（BL なし）の正解者数/不正解者数} = \frac{21/5}{10/17} = 7.14$$

3.3 検定

オッズ比から2条件で正答率（正答数）に実質的に差がある（7.14倍）ことが示されました。さらに帰無仮説検定を行います。サンプルサイズが50に満たない場合の頻度数の検定には、カイ2乗検定（Chapter 8）ではなくフィッシャーの正確検定が推奨されています（小林, 2017, p.151）。本研究の場合、サンプルサイズはわずかに50を超えている程度ですので、フィッシャーの正確検定を用いました。

フィッシャーの正確検定には、fisher.test()を用います。引数には行列形式で用意したオブジェクト（mat）を入れます。

```
> fisher.test(mat)
        Fisher's Exact Test for Count Data
data:  mat
p-value = 0.001973
alternative hypothesis: true odds ratio is not equal to 1
95 percent confidence interval:
  1.783204 31.041167
sample estimates:
odds ratio
  6.845791
```

帰無仮説「2条件は独立している（関係がない）」が正しいと仮定した場合に、6.846よりも大きなオッズ比が得られる確率はわずかに0.197%（$p = 0.001973$）です。したがって、その帰無仮説（前提）を棄却し、BL（ボディランゲージ）の有無とQ2の正解率は無関係ではない（$p < .05$）、BLが含まれると正解率が上がると考えます。また、Rのアウトプットから、95%信頼区間(1.78〜31.04)は1をまたいでいません。なお、Rによるオッズ比（6.846）が手計算のオッズ比（7.14。3.2節参照）と一致しないのは推定方法の違いによるものです。

4 結果の書き方

結果をまとめましょう。

　ボディランゲージが聞き手の理解に与える影響について大学生53名を対象にして調べた。53名を無作為に二つのグループに分け、一つのグループ26名にはボディランゲージあり（以下、BLあり）の動画を、もう一つのグループ27名にはボディランゲージなし（以下、BLなし）の動画を視聴させ、4項目の内容理解度テストを行った。

　その結果、4項目のうち1項目で、BLの有無によって内容の理解度に有意な差があった。その項目ではBLあり群の正解者は26名中21名（80.8%）であったのに対し、BLなし群では27名中10名（37.0%）であった。フィッシャーの正確検定を行ったところ、BLの有無と正解率には有意な差があった（$p = 0.002$, 95% CI [1.78, 31.04], オッズ比 6.85（7.14））。具体的には、BLあり群がBLなし群に比較して正解率が有意に高かった。以上の結果から、ボディランゲージが視聴者の内容への理解を向上させる場合があることが示された。

5 まとめ

　頻度データは今まで、クロス集計表から頻度数と割合（パーセント）を出してどちらが相対的に多い（少ない）という主観的な分析に終始していたのではないでしょうか。本章を通じて、確率的にも実質的にもその差の有無を説得力をもって主張できるようになれば、それはあなたのデータサイエンス力の一部になるのではないでしょうか。

6 便利な関数

```
mat = matrix(c(a, b, c, d)), ncol=2, byrow=TRUE) # 2行2列の行列を作る。
    a, b, c, dは任意の頻度数
oddsratio(mat, log=FALSE) # 行列matに対するオッズ比
fisher.test(mat) # フィッシャーの正確検定。引数は行列型データを入れる
confint(oddsratio(mat, log=FALSE)) # オッズ比の95%信頼区間。confintの
conはconfidence（信頼）、intはinterval（区間）
```

7 類題

　SNSの普及に伴い、さまざまなフェイクニュースが世の中には溢れています。そうした情報過多の時代にあって、情報への向き合い方に男子高校生と女子高校生で違いがあるのでしょうか。

　そこで、コロナ禍の2021年冬、以下のような問いを女子高校生33名と男子高校生16名、計49名に投げかけました。「『納豆を食べると新型コロナウイルスの感染予防に効果がある』といううわさを聞いたとき、あなただったら事実を確認しようとしますか」。

　すると、表7.4のような結果になりました。情報の向き合い方に男子高校生と女子高校生で違いがあるかどうかを5%水準で検定しましょう。

表7.4

	事実確認する	事実確認しない
男子（$n=16$）	7	9
女子（$n=33$）	5	28

参考文献

山極寿一（2022）.「動物たちは何をしゃべっているのか？」『週刊プレイボーイ』11月28日号, 54-58, 2022年11月14日.

横川智信（2019）.「ボディランゲージは聞き手の理解を促進するか」法政大学理工学部創生科学科卒業論文.

Chapter 8

名義変数の関係性を数量化し 理論化を試みる

―高校のときに好きだった科目と理系大学での所属学科に 関連性はあるか―

1 Theory

Chapter 7 では 2 × 2 のクロス集計表の名義変数間の関係性を探る手法を学びました。本章では、名義変数の水準が 3 水準以上の場合の関係性の調べ方を学びます。

3 水準以上の場合、オッズ比に代えてクラメールの連関係数を、フィッシャーの正確検定に代えてカイ 2 乗検定を用います。そして、カイ 2 乗検定が有意な結果となった場合、具体的にどの水準間で有意な差が生じているのかを探るために残差分析を行います。その意味では、残差分析は量的変数の場合の多重比較（Chapter 10）の役割に類似しています。

この一連のプロセスを経ることで、尺度の中では最も粗いデータである名義尺度の分析を、説得力をもって行うことができるようになります。

2 研究課題

高校時代に好きだった教科と進学先大学の理系学部の学科との間に何か関連性があるのでしょうか。それを調べるために下記のようなアンケート用紙を作成し、119 名の理系学生を対象に調査をしました。

Q1 高校のときに好きだった科目は何ですか。下から一つだけ選び、○をつけてください。

1. 数学　　2. 英語　　3. 物理　　4. 化学　　5. 生物

Q2　あなたの所属学部・学科はどこですか。下から一つだけ選び、○をつけてください。

1. 機械工学科　　　2. 電気電子工学科　　　3. 経営システム工学科

4. 応用情報工学科　　5. 創生科学科　　　　6. 生命科学科

3　分析の手順

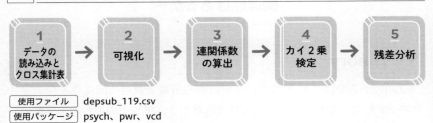

| 使用ファイル | depsub_119.csv |

| 使用パッケージ | psych、pwr、vcd |

　名義変数間の関係性を調べる上で最初のそして重要なステップは table( ) を用いてクロス集計表（分割表）を作成することです（3.1）。その後、その関係性、名義変数どうしが相互に独立しているかいないかを数量的に吟味するために連関係数（3.3）を算出し、検定（3.4）を行います。3.3 および 3.4 で関係性があると判断されれば、期待度数からどの程度乖離<ruby>乖離<rt>かいり</rt></ruby>しているかを調べるために残差分析（3.5）へと移ります。

	A	B
1	学科	教科
2	創生	数
3	創生	物
4	機械	生
5	応情	生
6	機械	物
7	経営	化
8	電気	物

図 8.1　depsub_119.csv

3.1　データの読み込みとクロス集計表の作成

depsub_119.csv を保存した場所を R Console の「ファイル」→「ディ

レクトリーの変更 ...」で指定します。

```
> dat = read.csv("depsub_119.csv", fileEncoding="shift-jis")
> attach(dat)
```

table() を用いてクロス集計を行います。クロス集計とは、この場合、所属学科（図 8.1 A列）ごとに高校時代に好きだった教科（図 8.1 B列）の頻度を集計したものです。

```
> table(学科, 教科)
      教科
学科 英 化 数 生 物
応情   1  1  2  1  2
機械   8  1  6  3 11
経営   2  1 15  1  1
生命   3  6  5  3  2
創生   3  6 11  1  7
電気   2  1  7  1  5
```

上記のクロス集計を matrix() を用いて行列データに変換し（Chapter 7）、それを mat に代入します。まず、以下のように手入力します。ここは面倒ですが少し我慢ですね。

```
> mat = matrix(c(1, 1, 2, 1, 2, 8, 1, 6, 3, 11, 2, 1, 15, 1, 1, 3, 6,
5, 3, 2, 3, 6, 11, 1, 7, 2, 1, 7, 1, 5), ncol=5, byrow=TRUE) # ncolは
列数、byrowは行ごとに数字（頻度数）を並べてくれ、の意味です
> mat
     [,1] [,2] [,3] [,4] [,5]
[1,]    1    1    2    1    2
[2,]    8    1    6    3   11
[3,]    2    1   15    1    1
[4,]    3    6    5    3    2
[5,]    3    6   11    1    7
[6,]    2    1    7    1    5
```

続いて行列のラベルを付けます。そのための準備としてメニューの「ファイル」→「編集」→「GUI プレファレンス」→ [Font] を MS Gothic に変更します（Chapter 1 の 2.1）。こうすることで、漢字・ひらがなの入力がスムーズに行えます（Chapter 1）。

```
> rownames(mat) = c("応情", "機械", "経営", "生命", "創生", "電気") #
「c」と" "を忘れないでください
> mat
      [,1] [,2] [,3] [,4] [,5]
応情    1    1    2    1    2
機械    8    1    6    3   11
経営    2    1   15    1    1
生命    3    6    5    3    2
創生    3    6   11    1    7
電気    2    1    7    1    5
```

行に名前が入りました。続いて列に名前を付けます。列は column です。

```
> colnames(mat) = c("英語", "化学", "数学", "生物", "物")
> mat
      英語 化学 数学 生物 物
応情    1    1    2    1  2
機械    8    1    6    3 11
経営    2    1   15    1  1
生命    3    6    5    3  2
創生    3    6   11    1  7
電気    2    1    7    1  5
```

以上で、行列データへの変換が完了しました。

3.2 可視化

3.1 で作成したクロス集計表を可視化します。第 1 引数には行列データの mat を入れ、main でタイトルを、col で色を指定します。色のオプションは、col( ) で確認できます。

```
> mosaicplot(mat, main="所属学科と好きな教科", col="green")
```

図 8.2 の面積の違いはそれぞれのカテゴリーの各水準が占める割合を示しています。

所属学科と好きな教科

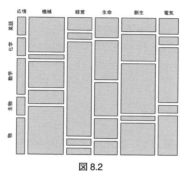

図 8.2

　続いて、二つの名義変数間（「所属学科」と「高校時代に好きだった教科」）の関係性の数量化を試みます。数量化には連関係数（3.3）とカイ 2 乗検定（3.4）および残差分析（3.5）を行います。

3.3　連関係数

　二つの水準どうし（2 × 2）のクロス集計表の分析では、変数間の連関の強さを定量的に評価するためにオッズ比を用いました（Chapter 7）。3 水準以上ではオッズ比に代えて，クラメールの連関係数（V）を用います。クラメールの連関係数は式 (8.1) で定義され、0 ～ 1 の値を取ります。R で V を算出するにはパッケージ vcd が必要です。

$$V = \sqrt{\frac{\chi^2}{n(k-1)}} \tag{8.1}$$

　（χ^2：カイ 2 乗値、n：サンプル数，k：行数と列数で少ないほうの値）
（南風原 , 2003, p.187）
パッケージ vcd をインストールします。

```
> install.packages ("vcd", dependencies=TRUE)
要求されたパッケージ grid をロード中です
 警告メッセージ: パッケージ 'vcd' はバージョン 4.0.5 の R の下で造られ
ました
> library(vcd)
> v = assocstats(mat) # スペリング注意
> v
                  X^2 df P(> X^2)
Likelihood Ratio 33.767 20 0.027747
Pearson          33.765 20 0.027762

Phi-Coefficient   : NA
Contingency Coeff.: 0.47
Cramer's V        : 0.266
```

　クラメールの連関係数 (V) は上記より .266 でした。連関の強さの判断基準を表 8.1 に示します。したがって、高校時代に好きだった教科と進学先理系学科の連関は中程度といえます。

表 8.1

V	連関の強さ
0.5 ～ 1.0	強い
0.25 ～ 0.5	中程度
0.1 ～ 0.25	弱い
0 ～ 0.1	非常に弱い

3.4 カイ 2 乗検定

　クラメールの連関係数 (V) で二つの名義変数間には中程度の連関があることが示されました。次に、カイ 2 乗検定を chisq.test() を用いて行います。

　カイ 2 乗検定を使う際には三つの前提条件があります（田中, 2021, p.42）。

1. 総度数 > 50
2. 度数 0 のセルがない
3. 期待度数 5 未満のセルが全セル数の 20% 以下である

条件を満たしていない場合はフィッシャーの正確検定（Chapter 7）を行うか、セルを併合してカイ2乗検定を再試行します。

　本研究の場合、条件1、2を満たしていますが3を満たしていません（期待度数の計算は3.5で行います）。このような場合は頻度数がゼロや少ない（頻度1〜2など）セルを併合する方法が推奨されています（田中, 1999, p.54）。しかし、本研究の場合、度数1である創生科学科と電気電子工学科の生物、機械工学科の化学、経営システム工学科の物理（表8.2）を他の科目と併合すると、そもそも研究目的を達成できなくなってしまいます。そこで本研究ではセルを併合しないでそのまま実行します。

```
> chisq.test(mat)
        Pearson's Chi-squared test
data:  mat
X-squared = 33.765, df = 20, p-value = 0.02776
```

　カイ2乗値 $= 33.765$、自由度 $= 20$、有意確率 $p = 0.02776$ です。m 行 × n 列のクロス集計表に対するカイ2乗検定の自由度（df）は、$(m-1) \times (n-1)$ です。したがって、$(6-1) \times (5-1) = 20$ となります。

　帰無仮説「二つの変数（「所属学科」と「高校時代に好きだった科目」）は母集団上で独立している」とした場合、33.765 より大きなカイ2乗値が得られる確率は 2.78% です（$p = 0.02776$）。したがって、5%水準で帰無仮説は棄却され、二つの変数は独立していない、連関があると考えます。ここで、カイ2乗値 $= 33.765$、自由度 $= 20$ の場合のカイ2乗の確率分布を curve() で可視化します。

```
> curve(dchisq(x, 20), 0, 40, xlab="x2", main="自由度20のカイ2乗分布
")
> abline(v=33.765) # カイ2乗値(33.765)から垂線を描きます
```

　引数の dchisq() を自由度20の場合（x, 20）として組み込み、0, 40 は横軸（カイ2乗値）の最小値と最大値の目盛りを、xlab は横軸のタイトルを、main でグラフタイトルを指定します。$p = 0.0278$ はカイ2乗値 $= 33.765$

からの垂線とグラフの交点より右側の面積が曲線で描く面積全体の 2.78%
であることを示しています（図 8.3）。この考え方は t 値の確率分布（Chapter
2、図 2.6）と全く同じです。

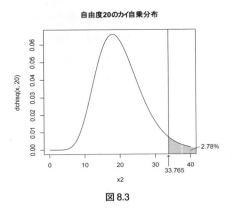

図 8.3

カイ 2 乗検定により「母集団上で二つの変数は独立していない」（$\chi^2(20)$
$= 33.765$, $p = .028$, $V = .266$）ことはわかりました。すると次の疑問が湧
き出てきます。「一体、何が原因で独立していないのか」。つまり、どの所属
学科と好きだった教科に関連性が強いのか（弱いのか）という問いです。次
の 3.5 ではその解を探すために残差分析を行います。

Column
カイ2乗検定を行う場合に必要なサンプル数

効果量（w）=0.27、自由度（df）=20、有意水準（sig.level=0.05）、検
定力（power）=0.8 として，カイ 2 乗検定を行う場合の必要なサンプル数を
pwr.chisq.test() を用いて調べます。なお、w はカイ 2 乗検定の際に用いら
れる効果量で、検定で得られたカイ 2 乗値を人数（すべてのセルの合計）で
割り、平方根（$\sqrt{}$）をとることで求められます。

```
> pwr.chisq.test(w=0.27, df=20, sig.level=0.05, power=0.8)
     Chi squared power calculation
               w = 0.27
               N = 287.528
```

```
         df = 20
  sig.level = 0.05
      power = 0.8
NOTE: N is the number of observations
```

　以上から検定力 0.8 のためには 288 人が必要であることがわかります。本
研究課題では 119 人の回答者数でしたので、もう倍くらいほしかったですね。

3.5　残差分析
　残差分析とは観測度数が理論値（期待度数）からどの程度ズレているかを、
標準得点に変換することで確率的に吟味する方法です。したがって、ここで
はまず各セルの期待度数を計算し（3.5.1）、観測度数との差（残差）を標準
化し（3.5.2）、さらにそれを可視化（3.5.3）して、カイ 2 乗検定（3.4）に
より示された二つの名義変数間に連関を生み出している要因を探ります。

3.5.1　残差とは：期待度数の計算
　残差とは期待度数（理論値）と観測度数（実測値）の差のことです。期待
度数は式 (8.2) で表されます。

$$期待度数 = 当該セルの列の比率 \times 当該セルの行の比率 \times 総頻度数 \quad (8.2)$$

表 8.2

	英語	化学	数学	生物	物理	合計
応情	1	1	2	1	2	7
機械	8	1	6	3	11	29
経営	2	1	15	1	1	20
生命	3	6	5	3	2	19
創生	3	6	11	1	7	28
電気	2	1	7	1	5	16
合計	19	16	46	10	28	119

　たとえば、表 8.2 から、機械工学科×英語の期待度数を求めます。式 (8.2)
によると、

$$当該セルの列の比率 \frac{19}{119} \times 当該セルの行の比率 \frac{29}{119} \times 総頻度数 119 = 4.63$$

機械工学科×英語の期待度数は4.63でした。観測度数は表8.2より8です。したがって、残差は8−4.63 = 3.37となります。Rで期待度数を出すには、まずカイ2乗検定の結果全体を変数outputに代入し、output$expectedと書きます。ここでは桁数を短くして見やすくするためにoptions()も追加しておきます。わずか3行です。

```
> output = chisq.test(mat)
> options(digits=3) # アウトプットを3桁にして読み取りやすくしておきます。
> output$expected # chisq.test(mat)の結果のなかから期待度数を出してくれの意味です
     英語   化学   数学   生物   物
応情 1.12  0.941   2.71  0.588  1.65
機械 4.63  3.899  11.21  2.437  6.82
経営 3.19  2.689   7.73  1.681  4.71
生命 3.03  2.555   7.34  1.597  4.47
創生 4.47  3.765  10.82  2.353  6.59
電気 2.55  2.151   6.18  1.345  3.76
```

こうして求めた期待度数と実測値の差が残差です。しかし、**期待度数がサンプルサイズ**（本研究課題では $n = 119$）**に依存している以上、残差をいつも一律に比較することができません。**

3.5.2　標準化した残差

そこで、残差を標準化（平均 = 0、標準偏差 = 1）します (Chapter 2)。そうすることで期待度数と観測度数のズレの程度を一様に判断できるようになります。標準化した残差が $>|1.96|$ であれば5%水準で、$>|2.56|$ であれば1%水準で二つの変数は関係がある（独立していない）と判断します。

カイ2乗検定の結果を代入したoutput（3.5.1）から標準化した残差（residuals）を取りだします。

```
> options(digits=3) # 読み取りづらいので、桁を3桁にします。
> output$residuals # 標準化した残差
     英語     化学     数学     生物     物
```

```
応情  -0.1113   0.0606  -0.4291   0.537   0.275
機械   1.5660  -1.4682  -1.5561   0.361   1.599
経営  -0.6678  -1.0300   2.6143  -0.525  -1.708
生命  -0.0193   2.1556  -0.8651   1.111  -1.168
創生  -0.6955   1.1520   0.0536  -0.882   0.160
電気  -0.3470  -0.7849   0.3278  -0.297   0.637
```

標準化した残差が±1.96（5％水準）または±2.56（1％水準）を超え
た教科と所属学科の組み合わせは、生命と化学（2.1556）および経営と数
学（2.6143）の組み合わせの二つのみで、それぞれ5％水準と1％水準で
有意でした。つまり、生命には化学好きな学生が、経営には数学好きな学生
が他の学科に比べて有意に多いことが示されました。

3.5.3 可視化

標準化された残差の分析結果を mosaicplot() を用いて可視化します。引
数には行列データ（mat）を入れ、オプションとして shade = TRUE を指定して、
残差が有意なセルに色をつけます。

```
> mosaicplot(mat, main="所属学科と好きな教科", shade=TRUE)
```

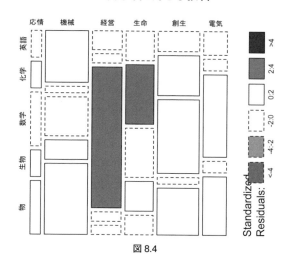

図 8.4

実行すると表示される図8.4の薄い青色は観測度数（頻度数）が期待度数より有意に大きいこと、赤色は期待度数より有意に少ないことを示します。赤く塗られたセルはないので、期待度数よりも有意に頻度数が少ない所属学科と教科の組み合わせはなかったことを示しています。一方で、青く塗られたセルが二つあるので、期待度数よりも有意に頻度数が多かった所属学科と教科の組み合わせが2組あったことを示しています。その2組は、経営×数学と生命×化学の二つです。

ここまでで以下の2点が浮かび上がりました。

1. 経営システム工学科所属の学生が高校時代に好きだった教科は、他学科に所属する学生に比べて数学が1％水準で有意に多い。

2. 生命科学科所属の学生が高校時代に好きだった教科は、他学科に所属する学生に比べて化学が5％水準で有意に多い。

4　結果の書き方

結果をまとめましょう。

> 高校時代に好きだった教科と大学での所属学科（学部）に関係があるかどうか、119名の理系大学生を対象に調べた。その結果、高校時代に好きだった教科と所属学科には連関があることが示された（$V = .30$, $\chi^2(20) = 33.765$, $p = .0266$）。残差分析を行った結果、1％水準で経営システム工学科の数学（2.61）が、5％水準で生命科学科の化学（2.16）が有意に多かった。以上から、高校時代に数学が好きだった学生は六学科の中では進路先に経営システム工学科を、化学が好きだった学生は生命科学科を選ぶ傾向にあることが示された。

5　まとめ

名義変数のクロス集計表の分析は前章と本章で示した一連の分析プロセスをたどることで、実質的にも統計的にも分析・立証できることを学びました。

今まで、クロス集計表の分析と解釈は頻度と割合（パーセント）を示し、感覚的・記述的に「多い」「少ない」という説明に終始することが多かったのではないでしょうか。これからは、本章で学んだ方法を使ってデータサイエンス力を上げてください。

6 便利な関数

```
table(x, y) # クロス集計
mat = matrix(c(a, b, c, …), ncol=m, byrow=TRUE) # 行列 mは列数
rownames(mat) = c("a", "b", "c") # 行列の行の名前
colnames(mat) = c("a", "b", "c") # 行列の列の名前
mosaicplot(mat) # クロス集計の可視化
mosaicplot(mat, shade=TRUE) # クロス集計表（mat）の残差分析の可視化
assocstats(mat) # クラメールの連関係数（効果量）

chisq.test(mat) # カイ２乗検定
output= chisq.test(mat) # カイ２乗検定の結果をoutputに代入
output$expected # カイ２乗検定での期待度数
output$residuals # カイ２乗検定の（標準化した）残差分析
```

7 類題

初夏になるとTシャツの袖から見える二の腕やお腹周りの様子が気になり出します。最近は同性からも異性からも格好良く見られたいという願望から、「筋トレ」に励む男子学生も少なくありません。そこで、以下のような研究課題を立てました。「男子学生が鍛えたいと思っている筋肉の部位と女子学生が男子学生の身体で最も魅かれる（つい見てしまう）筋肉の部位は異なるか（独立しているか）」です。筋肉は、胸筋、腹筋、上腕筋、臀筋（お尻の筋肉）および背筋、の四つの部位とし、大学生160人に聞いてみました。

	A	B
1	sex	parts
2	1	2
3	2	3
4	2	1
5	2	1
6	2	3
7	2	1
8	1	2
9	2	1
10	1	1
11	1	2
12	1	4
13	1	2
14	1	2
15	1	1
16	1	2

図 8.5　niku_160.csv
sex：1 ＝ 男、2 ＝ 女、parts：1 ＝胸筋、2 ＝腹筋、3 ＝上腕筋、4 ＝臀筋および背筋

Chapter 8

名義変数間の関係性を
2次元で表現
―対応分析―

1 理論化を試みる（理論を確認する）

　本章で示された高校時代に好きだった教科と現在の所属学科との関係性を
2次元上に可視化してみることで、法則性や理論を探求します。なぜなら、
2次元で表現できるということは、当該の現象が二つの軸（パラメータ）で
説明可能であることに他なりません。この探索的な方法を対応分析と呼びま
す。対応分析は一つの名義変数の水準数が多いほど、2変数間の関係性の全
体像を一瞥して理解するのに役立ちます。ただし、以下の二つの場合は対応
分析のグラフを描くことができません。

① カイ2乗検定で有意でない場合

② 水準数が少ない（2～4）場合

　それでは、さっそく対応分析を行います。

　パッケージ FactoMineR をインストールします。

```
> install.packages("FactoMineR", dependencies=TRUE)
> library(FactoMineR)
```

　本編（Chapter 8）で作成した行列型データ mat に対して CA
(Correspondence Analysis、対応分析) を行います。

```
> CA(mat)
```

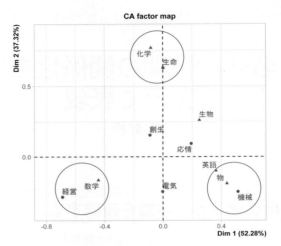

図 8.6 （円は出力に後から加えた）

Dim 1（横軸）と Dim 2（縦軸）でデータ全体の分散の 89.6%（52.28 ＋ 37.32）を説明しています。Dim 3 以降は一般的に無視します。ちなみに、Dim は dimension（次元）の意味です。

```
> summary(CA(mat))
Call:
CA(X = mat)

The chi square of independence between the two variables is equal to
33.8 (p-value =  0.0278 ).

Eigenvalues
                      Dim.1   Dim.2   Dim.3   Dim.4
Variance              0.148   0.106   0.026   0.004
% of var.            52.282  37.324   9.007   1.387
Cumulative % of var. 52.282  89.606  98.613 100.000
```

Variance は分散、Cumulative % of var. は 累積分散説明率です。Dim 1 と Dim 2 の分散説明率を加えると累積分散説明率は 89.6% になっています。

表 8.3

Rows

	Iner*1000	Dim.1	ctr	cos2	Dim.2	ctr	cos2	Dim.3	ctr	cos2
応情	4.740	0.194	1.489	0.466	0.094	0.493	0.110	0.049	0.556	0.030
機械	81.646	0.514	**43.436**	0.789	-0.249	14.226	0.185	0.084	6.708	0.021
経営	96.935	-0.689	**53.834**	0.824	-0.285	12.930	0.141	0.140	12.948	0.034
生命	67.179	0.001	0.000	0.000	0.627	**59.297**	0.935	0.166	17.150	0.065
創生	21.996	-0.088	1.241	0.084	0.154	5.260	0.253	-0.246	55.615	0.646
電気	11.240	-0.002	0.000	0.000	-0.248	7.794	0.734	-0.116	7.024	0.160

表 8.4

Columns

	Iner*1000	Dim.1	ctr	cos2	Dim.2	ctr	cos2	Dim.3	ctr	cos2
英語	29.540	0.364	14.260	0.716	-0.100	1.507	0.054	0.174	18.977	0.164
化学	82.439	-0.082	0.609	0.011	0.768	**74.869**	0.962	-0.126	8.379	0.026
数学	86.544	-0.443	**51.120**	0.876	-0.166	10.107	0.124	0.003	0.014	0.000
生物	23.476	0.249	3.526	0.223	0.261	5.418	0.244	0.361	42.805	0.466
物	61.737	0.438	**30.485**	0.733	-0.191	8.097	0.139	-0.180	29.825	0.123

対応分析の結果の吟味は、図 8.6 と表 8.3、表 8.4 の三つを見比べながら
探索的・総合的に行います。言い換えると、分析者自身が結果から意味を取
り出すのです。そのために必要な基礎知識は以下の 2 点です。

- 図 8.6 で布置された各水準の位置が近いほど親和性が強く、布置された
  位置が遠いほど親和性が弱い。

- 二つの軸の意味を考える。たとえば、それぞれの軸の意味は表 8.3 と
  表 8.4 を縦に見て、1 番目と 2 番目に寄与率（ctr）が大きい要素（太
  字下線）を中心に軸の意味を解釈します。たとえば、Dim 1（横軸）で
  は表 8.3 から経営システム工学科（53.83%）と機械工学科（43.44%）、
  および表 8.4 から数学（51.12%）と物理（30.49%）が軸の構成に
  大きく寄与していることがわかります。そして、図 8.6 を見ると、機
  械工学科と物理が近接し、経営システム工学科と数学が近接してい
  るので、この軸（Dim 1）は、数学と経営システム工学科の組み合わ
  せまたは物理と機械工学科の組み合わせが作る軸、あるいは、計算
  系またはモノづくり系の軸と判断できるのではないでしょうか。一
  方、Dim 2（縦軸）の構成については、表 8.3 から生命（59.30）と

表 8.4 から化学（74.87）の寄与率が突出して高いことから、この軸は化学（生命）が得意（好き）またはそれ以外が作る軸と判断できます。こうしてみると、当該理系学部学科の進学先の選択に際しては二つの有力なパラメータが働いているようです。一つは、数学志向か物理志向か、もう一つは化学志向かそうでないかと推察できます。

2 結果の書き方

結果をまとめましょう。

高校時代に好きだった教科と現在の所属学科（学部）に関係があるかどうかを、119 名の理系大学生にアンケートを取り、調べた。その結果、高校時代に好きだった教科と所属学科には連関があることが示された（$V = .266, \chi^2(20) = 33.765, p < .05$）。そこで、残差分析を行った結果、生命科学科と化学（2.24, $p < .05$）、経営システム工学科と数学（2.68, $p < .01$）が有意であった。

引き続き、対応分析を行い両変数の関係性を探索的に調べた結果、1 次元と 2 次元の寄与率はそれぞれ 52.3% と 37.3% で、データの分散の 89.6% を説明した。総じて、数学と経営システム工学科および化学と生命科学科の親和性が高いことがうかがえた。創生科学科は原点付近に位置し、最も中間的な学科であることが浮き彫りになった。以上から、当該理系学科の進学先の選択に際しては数学志向か物理志向か、もう一つは化学志向かそうでないかという二つのパラメータが働いていると推察された。

## Chapter 9

テキストマイニング
―見た目を重視するのは男性か女性か―

1 Theory

　Chapter 2 ～ 8 では、条件間で人の資質や能力に違いがあるかどうかを、テストや検査を用いて統計的に調べる手法を学んできました。その前提として、テストや検査が測ろうとする資質や能力を測っているという了解が、テスト（検査）を受ける側にも実施する側にもありました。しかし、テストや検査が確立していない場合も少なくありません。

　こうした場合、関心下の資質や能力を手探りに測る試みがとられます。その際、自由記述式のアンケートやインタビューの形をとることが多いです。この方法は、テストや検査と異なり選択肢やスケールを用いて回答の範囲をあらかじめ定めないことで、回答者の気づきや本音を引き出し、拾い上げ、関心下の資質・能力をより深く掘り下げられる可能性を秘めています。本章では自由記述のアンケートやインタビューのプロトコル（発話）の分析の仕方を学びます。表 9.1 に既成のテスト（検査）と自由記述・インタビューのそれぞれの長所と短所をまとめました。

表 9.1

測定具	長所	短所
既成のテスト・検査	統計処理と可視化が容易である	測るべき資質や能力が必ずしも測れていない場合や、他の要因が混在することがある
自由記述・インタビュー	回答者の気づきを掘り起こし、少数意見を拾える	結果の整理・集約に時間を要する。恣意的な解釈が生まれることがある

2 研究課題

あなたは異性（パートナー）に何を求めますか。筆者が妻に求めるものと妻が筆者に求めるものは違う気もします。果たして、異性（パートナー）に求める資質には男女間で違いがあるのでしょうか。そこで、大学生229名を対象に調べてみることにしました。彼らには「あなたが異性（パートナー）に求めるものは何ですか」という問いに対して自由に書いてもらいました。

本章では、KH Coder というフリーソフトウェアを利用します。以下、1.～ 6. に従ってインストールをしてください。

● KH Coder のダウンロードとインストール

1. https://khcoder.net/ にアクセスする（図 9.1）。

図 9.1　KH Coder Web サイト（2023 年 3 月時点）

2. 画面を下にスクロールし、「ダウンロードと使い方」の一番上にある「KH Coder 3 ダウンロード」（図 9.2）をクリックする。

図 9.2

3. 自分の PC の OS にあったものをダウンロードする。ここでは、Windows のフリー版の例を示す（図 9.3）。

図 9.3

4. ダウンロードした「khcoder-3b07b.exe」（2023 年 3 月時点）をダブルクリックして実行する。ブラウザが警告を出すことがあるが、無視して続行する。

5. 図 9.4 が表示されたら、KH Coder を展開するフォルダー（デフォルトは C:\khcoder3）を確認し、右列最上部の [Unzip] をクリックする。

図 9.4

図 9.5

6. 展開が終わると図 9.5 が表示されるので OK を押す。図 9.4 で指定した場所に「khcoder3」というフォルダーが作られていることを確認する（図 9.6）。

図 9.6　デフォルト（C:¥khcoder3）のフォルダー

3 | 分析の手順

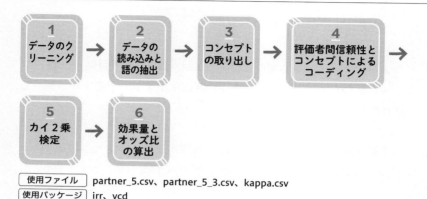

1 データのクリーニング → 2 データの読み込みと語の抽出 → 3 コンセプトの取り出し → 4 評価者間信頼性とコンセプトによるコーディング →

5 カイ2乗検定 → 6 効果量とオッズ比の算出

使用ファイル partner_5.csv、partner_5_3.csv、kappa.csv
使用パッケージ irr、vcd

KH coder がインストールできたら、いよいよ分析に入ります。分析の手順は上記の6ステップです。

まず、自由記述文のクリーニングを行います（3.1）。集めた自由記述文の表記の統一を図るのが大きな目的です。これを行わないと「はいりょ」と「配慮」は異なる用語として区別されてしまいます。一般的には漢字に統一化します。

続いて、データを読み込み、どのような語句がどのように使われているかを概観します（3.2）。

そして、そうした語句どうしの結びつきの強さを、クラスター分析や共起ネットワーク（後述）を用いて可視化し、パートナーに求める要素のコンセプト（概念）を抽出します（3.3）。

そのコンセプトが一人ひとりの自由記述文に含まれているかどうかを複数の評価者が判断（コーディング）します。評価者間のコーディングの一致度を評価・公表します（3.4）。

コーディングの結果（コンセプトが含まれているかどうか）による頻度数が関心下の条件（性別）間で統計的な差があるかどうかをカイ2乗検定（$N < 50$ ならフィッシャーの直接確率検定）を用いて調べます（3.5）。

加えて、効果量とオッズ比を求め（3.6）、解を導き出します。

図 9.7　partner_5.csv
異性（パートナー）に求めるもの。sex：1 ＝ 男性、2 ＝ 女性

3.1　データのクリーニング

自由記述内の同一用語は標記を統一しておきます。

3.2　データの読み込みと語の抽出

図 9.6 の  kh_coder.exe をダブルクリックして KH Coder を起動し、新規プロジェクトを作成します。

3.2.1　プロジェクトの新規作成とデータ読み込み

1. ［プロジェクト］ → ［新規］（図 9.8、9.9）

図 9.8

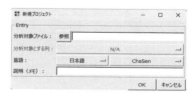

図 9.9

2. 「分析対象ファイル」の［参照］を押して対象となる csv ファイルを選択（ここでは partner_5.csv）。

3. 「分析対象とする列」 をクリックして分析する列を選択→ Q1。

4.「説明」にファイル名を入力→「好み」（図 9.10）→ OK。

図 9.10

3.2.2 前処理と抽出語リストの出力

1.［前処理］→［前処理の実行］：出力画面でデータを確認（図 9.11、9.12）。

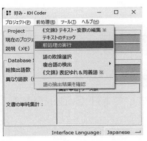

図 9.11

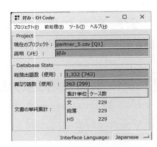

図 9.12

2.［ツール］→［抽出語］→［抽出語リスト］を選択（図 9.13）。「抽出語」
に「自分」を入れて「検索」すると、語句が抽出して表示される（図 9.14）。

図 9.13

図 9.14

3.3 コンセプトの取り出し

3.3.1 クラスター分析

　クラスター分析は対象を同質性に基づいて少数のグループに分ける分析です。ここでは対象の語句同士の関係の近さをデンドログラムで可視化します。デンドログラムは同質性の高いものを近くに、低いものを遠くに配置した樹形図のことです。それを見てコンセプトを形作る語句同士の結びつきの強さを判断します。

1. ［ツール］→［抽出語］→［階層的クラスター分析］。
2. 「集計単位」を「H5」から「文」に変更（図9.15）。

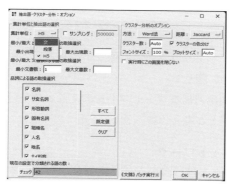

図 9.15

3. 「現在の設定で分類される語の数」を確認（自動で設定される）。
4. 「最小出現数」の調整と確認（自動で設定される）。
5. ［OK］すると、デンドログラム（樹形図、図9.16）が描画される。

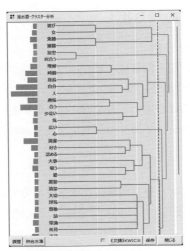

図 9.16　デンドログラム

6. 右下の「保存」をクリックし、画像ファイルとしてデンドログラムを適当な場所に保存、閉じる。

7. 図を見ながら抽出可能なコンセプトを考える。色分けされた語群ごとに一つのコンセプトと考える。

3.3.2　共起ネットワーク

　共起ネットワークとは、自由記述文内で共起している（一緒によく使われている）語句の関係性を線でつなぐことによって可視化したもの（樋口, 2014）です。

1. ［ツール］→［抽出語］→［共起ネットワーク］。
2. 「集計単位」が「文」となっていることを確認。
3. 「現在の設定で分類される語の数」を確認（自動で設定される）。
4. 「最小出現数」を必要に応じて調整する。
5. 画面右側の「共起ネットワークの設定」で以下の2箇所にチェックを入れる。
   - ☑ 強い共起関係ほど濃い線に
   - ☑ バブルプロット
6. ［OK］を押すと、共起ネットワークが表示される（図9.17）。

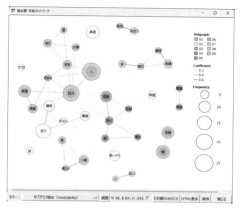

図 9.17　共起ネットワーク

7. 右下の「保存」をクリックし、画像ファイルとして共起ネットワークを適当な場所に保存、閉じる。

8. 語句が多すぎて解釈が難しい場合は、「Jaccard」の「係数」を 0.3 に変更すると係数が高いもののみが表示される。

3.3.3　コンセプトの取り出し

1. デンドログラム（図 9.16）と共起ネットワーク（図 9.17）を見ながらコンセプトを抽出する。

2. 必要に応じて［ツール］→［抽出後］→［KWIC コンコーダンス］から KWIC（Key Words In Concordance）（図 9.18）で自由記述の内容を参照する。たとえば、共起ネットワーク（図 9.17）に見られる比較的大きな円で囲まれた「自分」はどのような文脈で使われているかを知り、コンセプトの名づけに活用する。

図 9.18

3. 抽出されたコンセプト名をファイル「partner_5.csv」（図 9.7）の列に
   1 コンセプト 1 列で追記する（ここでは looking（容姿）と value（性格・
   趣味の一致）を加えた）。
4. ファイルを別名（partner_5_3.csv）で保存（図 9.19）する。

	A	B	C	D	E
1	sex	Q1	looking	value	
2		2 思いやりと	0	0	
3		2 束縛しない	0	0	
4		2 優しさ	0	0	
5		1 話が合う	0	1	
6		1 尊敬できる	0	0	
7		1 使ったもの	0	0	
8		1 男がらみが	0	0	
9		1 人生を謳歌	0	0	

図 9.19　partner_5_3.csv

3.4　評価者間信頼性係数の算出とコーディング

3.4.1　評価者間信頼性係数（カッパ係数）の算出

　人間の主観的判断を伴うコーディング（コンセプトが自由記述文中に含ま
れるかどうかを判断・分類）をする際は、複数の評価者を立てて評価者間の
一致度を示すことで、そのコーディングの信頼性を公にします。具体的には
以下の手順を取ります。
1. 自由記述文を概観して一定の判断基準を決める。
2. 複数人で実際にコーディングをして練習する。
3. 意見が分かれた場合は判断基準の調整をしながら共通理解を深める。
4. すべての記述文に対してコーディングを行い、評価者間信頼性係数（こ
   こではカッパ係数）をコンセプトごとに算出する。

　たとえば、自由記述文に「容姿」が含まれているかどうかを 2 名の評価
者（rater1、rater2）が 20 人の回答者の自由記述文についてコーディング
した結果、（kappa.csv（図 9.20））の評価者間信頼性係数を算出する手法
を以下に述べます。

	A	B	C	D
1	sex	Q1	rater1	rater2
2	2	かっこよくて童顔で、髪がきれい	1	1
3	1	顔がいい	1	1
4	1	身長	1	1
5	1	性格	0	0
6	1	他者の尊重	0	0
7	1	趣味が合う	0	0
8	1	はっきりした顔だちの美人	1	1
9	1	黒髪で清楚	1	1
10	2	マッチョ	1	1

図 9.20　kappa.csv：評価者ごとのコーディング結果

ここから R を使います。パッケージ irr が必要です。

```
> install.packages ("irr", dependencies=TRUE)
> library(irr) # 忘れないように。忘れると「関数 "kappa2" を見つけるこ
とができませんでした」というメッセージが出て、実行できません。
```

「要求されたパッケージ lpSolve をロード中です」というメッセージが出ます。ロード中というメッセージが消えないようなら、再度以下のコマンドを実行します。矢印の上カーソルを押すか、もう一度打ちます。

```
> library(irr)
```

ファイル kappa.csv を保存した場所を R Console の「ファイル」→「ディレクトリーの変更 ...」で指定し、以下のコマンドでファイルを読み込みます。

```
> dat = read.csv("kappa.csv", fileEncoding="shift-jis")
> attach(dat)
> View(dat) # View()でデータを確認します（図9.20）。
```

kappa2() を使ってみます。引数はデータフレームの対象列を指定します。

```
> kappa2(dat[, 3:4]) # [, 3:4]の意味は、二人の評価者間（第3列目rater1
と第4列目rater2）のカッパ係数です。
Cohen's Kappa for 2 Raters (Weights: unweighted)

 Subjects = 20
```

```
    Raters = 2
    Kappa = 0.792

        z = 3.54
  p-value = 0.000399
```

　カッパ係数（Kappa、κ）は .792 でした。カッパ係数の信頼性の目安は次の通りです。

　0 ～ .20 低い、.21 ～ .40 やや低い、.41 ～ .60 中程度、.61 ～ .80 かなり高い、.81 ～ 1.0 ほぼ一致（平井・岡・草薙, 2022, p.188）。

　したがって、評価者間一致度は「かなり高い」といえます。

3.4.2　コンセプトによるコーディング

　評価者間信頼性（.792）が担保されたので、次の作業に移ります。抽出したコンセプトが複数の評価者（この場合は二人）の判断から自由記述文に含まれると判断する場合は、ファイル（partner_5_3.csv）の該当列に 1 を、含まれないと判断する場合は 0 を入力します（図 9.19 の C、D 列）。評価者によってコーディングが異なる記述文については評価者間で議論し決定します。ここでは looking（容姿）を取り上げます。looking は共起ネットワーク（図 9.17）から「身長」「髪型」「顔」の語句の結びつきが見られました。

3.5　検定

　大学生 229 名が容姿というコンセプトを重視するかどうか、3.4 の作業で男女別の頻度数が導きだされました。その結果をクロス集計表にまとめ（3.5.1）、カイ 2 乗検定（3.5.2）を行い、効果量とオッズ比を算出し（3.6）、パートナー選択の際に容姿を判断材料とするかどうかに男女間で違いがあるかどうかを調べます。

3.5.1　クロス集計の作成

　容姿を重視するかしないかについて、男女別のクロス集計表（表 9.2）を作成します。

表 9.2 looking（容姿）のクロス集計表

	容姿を重視（1）	容姿重視でもない（0）	小計
男	96 (75.6%)	31 (24.4%)	127
女	88 (86.3%)	14 (13.7%)	102
小計	184	45	229

3.5.2 カイ2乗検定

男女間で容姿を重視する頻度が異なるかどうかを統計的に検定します。$N > 50$ でゼロをもつセルがないのでカイ2乗検定（Chapter 8）を用います。partner_5_3.csv を dat2 に代入します。

```
> dat2 = read.csv("partner_5_3.csv", fileEncoding="shift-jis") # 日本
語入力ありのため
> attach(dat2)
```

クロス集計を作成します。

```
> table(sex, looking) # 表9.2と一致しますね。
   looking
sex  0  1
  1 96 31
  2 88 14
```

クロス集計を matrix() を使って行列型データに変換し mat に代入します（Chapter 7）。

```
> mat = matrix(c(96, 31, 88, 14), ncol=2, byrow=TRUE)
```

行列に名前をつけます。ここでは、行も列も一遍に名前をつけられる dimnames() を使って list() で指定します。「c」を忘れないでください。

```
> dimnames(mat) = list(c("男", "女"), c("容姿重視", "容姿重視でもない"))
```

```
> mat
      容姿重視 容姿重視でもない
男        96              31
女        88              14
```

mat に対してカイ 2 乗検定を行います。

```
> chisq.test(mat)
        Pearson's Chi-squared test with Yates' continuity correction
data: mat
X-squared = 3.4409, df = 1, p-value = 0.0636
```

p 値が 0.0636（6.36%）なので、帰無仮説「母集団上で二つの名義変数（性別と容姿）は独立している」を 5% 水準で棄却できません。つまり、二つの変数は独立している（関係がない）という結果です。しかし、名義変数の水準がそれぞれ二つ（2 × 2）のクロス集計表の場合、上記のアウトプットの、"with Yates' continuity correction"「イェーツの連続補正」を施すかどうかについては議論が分かれています。それはイェーツの連続補正は、第 1 種の過誤（Chapter 2　4.3）――本当は有意でないのに有意だとして帰無仮説を棄却してしまう誤り――を過剰に抑制する（平井・岡・草薙, 2022, p.208）からです。イェーツの連続補正に慎重な立場をとっているのが小林（2017, p.151）で、積極的に補正を進めているのが繁桝・柳井・森（2008, p.47）です。ここでは、小林（2017）に従ってイェーツの補正が働かないように引数に correct = FALSE を指定し、再度カイ 2 乗検定を行います。

```
> chisq.test(mat, correct=FALSE)
        Pearson's Chi-squared test
data: mat
X-squared = 4.0895, df = 1, p-value = 0.04315
```

すると p 値は 0.04315 で 5% 水準で有意となりました。つまり、二つの名義変数には連関があることになります。イェーツの連続補正を施すかどうかによってカイ 2 乗検定の結果は異なりました。そこで、効果量とオッズ比

を算出し、容姿をパートナー選択の際に重要な要件とするかに男女間で違いがあるかをさらに調べます。

3.6 効果量（クラメールの連関係数）とオッズ比の算出

パッケージ vcd が必要です（Chapter 8）。すでに Chapter 8 で vcd をインストールしてあれば library(vcd) で呼び出します。まだならば、以下のコマンドでインストールします。

```
> install.packages("vcd", dependencies=TRUE)
> library(vcd)
```

3.6.1 クラメールの連関係数

行列 mat に対してのクラメールの連関係数（V）を算出します。

```
> v = assocstats(mat)
> v
                    X^2 df P(> X^2)
Likelihood Ratio 4.1977  1  0.04048
Pearson          4.0895  1  0.04315

Phi-Coefficient  : 0.134
Contingency Coeff.: 0.132
Cramer's V       : 0.134
```

表 8.1（再掲）からわかるように小さな効果量です。

表 8.1　クラメールの連関係数の判断指標（再掲）

V	連関の強さ
0.5 ～ 1.0	強い
0.25 ～ 0.5	中程度
0.1 ～ 0.25	弱い
0 ～ 0.1	非常に弱い

3.6.2 オッズ比

$$男性：= \frac{容姿を重視する男性数}{容姿を重視しない男性数} = \frac{96}{31} = 3.10$$

$$女性：= \frac{容姿を重視する女性数}{容姿を重視しない女性数} = \frac{88}{14} = 6.29$$

$$男女のオッズ比 = \frac{3.10}{6.29} = 0.493$$

手計算だと時間がかかるので、oddsratio( ) を使います（Chapter 7）。

```
> oddsratio(mat, log=FALSE)
 odds ratios for and
[1] 0.4926686
> confint(oddsratio(mat,log=FALSE)) # オッズ比の95%信頼区間
                               2.5 %     97.5 %
男:女/容姿重視:容姿重視でもない 0.246064 0.9864195
```

　以上のアウトプットからオッズ比は 0.493 となりました。これは、男子学生が女子学生に比してパートナー選択に容姿を重視する程度が半分以下（0.493 倍）であることを示しています。この結果は、イェーツの補正を施したカイ 2 乗検定の結果（$\chi^2(1) = 4.09, p = .043$）（容姿をパートナー選択の際に重視する頻度数に性差がある）とも一致します。また、95% 信頼区間（0.246 ～ 0.986）に 1 は含まれていないので、容姿を優先する確率が男女間で有意に異なることがわかります。最近、女性がパートナーの男性に求める 3Y とも一致します。3Y とは、容姿、優しさ、ゆとりだそうです。これも SNS の影響でしょうか。

4 結果の書き方

結果をまとめましょう。

> 異性（パートナー）に求める資質に男女間で違いがあるかどうかを大学生229名を対象に調べた。「あなたが異性（パートナー）に求めるものは何ですか」という問いに対して自由に回答を記述してもらった。
>
> その結果をデンドログラムと共起ネットワークを用いてキーワードの関係性を可視化した。そして、そのキーワードから複数のコンセプト（「容姿」「趣味・性格の一致」ほか）を抽出した。
>
> 関心下の「容姿」について、それぞれの自由記述文に「容姿」が含まれるかどうかを2名の評価者が判定した。2名の評価者間信頼性（カッパ係数）は $\kappa = 0.792, p < .001$ であった（注：20名のデータによる暫定的な評価）。
>
> 2×2 のクロス集計表（性別×容姿）を作成し、カイ2乗検定を行った。その結果、女子学生のほうが男子学生よりも「容姿」を重視する傾向が強いことがわかった（$\chi^2(1) = 4.09, p = .043$）。また、効果量（$V = .13$）は小さかったが、オッズ比は0.493（95% CI [0.246, 0.986]）で有意であった。
>
> したがって、パートナーの選択にあたって「容姿」を重視する傾向は、男子学生よりも女子学生に強いことが示された。

5 まとめ

筆者は男性のほうが女性よりも異性（パートナー）に求めるものとして容姿を重視するのではないかと思っていました。しかし結果は逆になりました。女性のほうが容姿を重視する傾向が強いようです。

さて、自由記述文の分析はいかがでしたか。最初から間隔尺度（Chapter 2）を用いたアンケート用紙を使ったほうが効率的なのでないかと思う人もいると思います。

「あなたは異性（パートナー）選択の際に容姿を重視しますか」という問いを立て、「とても重視する」（6）～「全く重視しない」（1）の6件法で男女に回答してもらえば、対応のない t 検定（Chapter 4）などを用いて性差

を数量的に検証することはできます。

　しかし、それは容姿が異性（パートナー）に求めるものとして、重要な要件になるという情報が事前にあるからできることです。その情報がないまたは不確かな段階では、本章で示したようなプロセスを経ます。

　まず、3～4名の対象者に自由記述やインタビューを実施して回答を掬い上げます。そこからコンセプトを取り出し、間隔尺度を用いたアンケート用紙を試作します。そして、試作品のパイロットスタディを経てそれを修正し、本格的なデータ収集に乗り出します。つまり、インタビュー（自由記述）→スケールの作成と修正→アンケートの実施というステップを踏むことで、測ろうとする資質や能力を浮き彫りにします。

　自由記述分析には気を付けなければならない点があります。自由記述は回答者の生の声を知ることができ、とても魅力的です。しかし同時に、研究者の期待や思い込みに引きずられて解釈が恣意的になる危険性をもっています。そこで、評価者間信頼性係数（カッパ係数）を示すことで、その手段の限界と透明性を担保します。

6 便利な関数

```
table(x, y)
mat = matrix(c(a, b, c, d), ncol=2, byrow=TRUE) # a, b, c, dは任意の
頻度数
confint(oddsratio(mat, log=FALSE))
View(dat)
kappa2(dat[, 3:4]) # 3:4は該当列数
```

7 類題

「性格・趣味の一致」についても同様の検定を行ってみましょう。

参考文献

樋口耕一 (2023). https://khcoder.net/

樋口耕一 (2014).『社会調査のための計量テキスト分析』(ナカニシヤ出版).

## Chapter 10

同じ人の三つ以上の平均を比べる
―理科を苦手になるのは小中高のどのあたりか―

1 Theory

　二つの条件の平均値に有意な差があるかを調べる方法として t 検定（Chapter 3、4）や U 検定（Chapter 5）を学びました。本章では条件が三つ以上の場合について考えます。

　条件が三つ以上になってもデータに「対応がある」か「対応がない」かをまず考えます。それによってファイルの作り方や分析方法が異なるからです。どちらのデータの場合も、分析の手順は高次から低次と進みます。つまり、三つの条件全体を見渡したときに差があるかどうかをまず検定し（**分散分析**（analysis of variance、**ANOVA**））、もし差がある場合はその三つの条件のなかのどの二条件下で差があるのかを調べます（**多重比較**）。多重比較にはさまざまな方法がありますが、本章では適用範囲が広い Holm の方法を使います（井関, 2022）。

2 研究課題

　日本はノーベル賞受賞者を多く輩出している国の一つです。一方で、子供たちの理科離れが言われて久しく、「科学技術立国」日本の足元が揺らいでいます。そこで、理科離れはいつ頃からはじまるのか調べてみることにしました。それによって「理科離れ」に歯止めがかけられれば、今後もノーベル賞受賞者を輩出し続けられるかもしれません。調査対象は高校 1、2 年生267 名です。彼らに、小学校・中学・高校段階での理科への好き嫌い（好意度）を 1 から 6 までの 6 件法で尋ねてみました（記憶があやふやという研究上の限界はここでは取り上げないこととします）。

Q. 小・中・高における理科の好き嫌いに関して、それぞれあてはまる箇所に〇をつけてください。

	とても好き	好き	やや好き	やや嫌い	嫌い	とても嫌い
小学生						
中学生						
高校生						

3 分析の手順

使用ファイル omori_5.csv
使用パッケージ psych

	A	B	C	D
1	id	ele	junior	highshool
2	1	5	5	4
3	2	6	6	5
4	3	4	3	4
5	4	5	5	5
6	5	4	4	4
7	6	3	3	2
8	7	3	3	3
9	8	6	3	1
10	9	3	1	1
11	10	3	3	3
12	11	2	4	3
13	12	5	5	3

図 10.1　omori_5.csv
ele：小学生、junior：中学生、highschool：高校生、6「とても好き」～ 1「とても嫌い」

3.1 データの読み込み

omori_5.csv を保存した場所を R Console の「ファイル」→「ディレクトリーの変更 ...」で指定します。

```
> dat = read.csv("omori_5.csv") # 日本語入力がないので、
fileEncoding="shift-jis"は省略してあります。
> attach(dat)
```

```
> dim(dat) # 行列数の確認をしておきます。
[1] 267    4
```

267 人で一致していますね。

3.2　記述統計と可視化

パッケージ psych を使います。A 列 [id]（図 10.1）、すなわち 1 列目は記述統計の対象外なので [, -1] として除きます。除外したい列の番号を −1 などと指定すれば除外されます。

```
> library(psych)
> describe(dat[, -1])
          vars   n mean   sd median trimmed  mad min max
ele          1 267 4.41 1.22      5    4.50 1.48   1   6
junior       2 267 4.34 1.23      5    4.42 1.48   1   6
highshool    3 267 3.75 1.26      4    3.74 1.48   1   6
          range  skew kurtosis   se
ele           5 -0.61     0.05 0.07
junior        5 -0.58    -0.15 0.08
highshool     5 -0.03    -0.47 0.08
> boxplot(dat[, -1], main="理科を好きですか") # 箱ひげ図で可視化します。
```

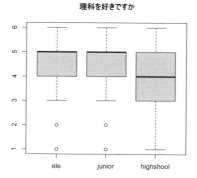

図 10.2　箱ひげ図

高校生（highschool）は小中学生（ele、junior）に比べて、中央値が低い（4）ことと好き嫌いのバラつきが大きいことがわかります。

3.3　ANOVA（分散分析）

本章では ANOVA 君（井関, 2022）を用いて分散分析 (ANOVA) を実行します。ANOVA 君は R 上で動作する関数です。その特徴は対応のあるデータ、対応のないデータ、両方を含む混合要因（Chapter 11）の分散分析を行うことができ、**単純主効果**（Chapter 11 で詳述）の検定および多重比較まで行ってくれることです。加えて、**球面性の仮定**が満たされていない場合、オプションで指定すると自由度の調整を行います。球面性の仮定とは、対応のあるデータの場合に水準（条件）間の差の分散が等しいと仮定することです（平井・岡・草薙, 2022, p.82）。自由度を調整する理由については田中（2021, pp.122–123）を参照してください。

3.3.1　ANOVA 君のインストールと読み込み

1. 以下 Web サイトにアクセスし、「ANOVA 君のファイル」から ANOVA 君をダウンロードする。

   http://riseki.php.xdomain.jp/index.php?ANOVA%E5%90%9B

2. anovakun_486.txt（本書執筆時点の最新版）を任意の場所に保存する.

3. R Console 画面のメニューバー「ファイル」→「R コードのソースを読み込み ...」で anovakun_486.txt を保存した場所を呼びだし、ファイルを読み込む。その際、「ファイルの種類」を All files に変更する。ファイルを見つけたら、選択→「開く」。

3.3.2　コマンド

読み込んだ後は anovakun() を使えるようになっています. anovakun() の引数には、データフレーム、要因計画、水準数に加えて、オプションで球面性の検定結果による自由度調整の有無、多重比較の方法、効果量の種類が含まれます。

早速実行してみましょう。

```
> anovakun(dat[, -1], "sA", 3, auto=TRUE, holm=TRUE, eta=TRUE)
```

dat[, -1] は 1 列目（id）を除く、"sA" は要因計画を示し、1 要因で繰り返しのある（同じ人の）データの意味です。被験者間要因（対応のないデータ）を s の左側、被験者内要因（対応のあるデータ）を s の右側に書きます。" " で要因計画を囲むことを忘れないでください。「3」は水準数です。小中高の三つありましたね。auto = TRUE は球面性検定の結果、有意であったときに被験者内効果（本研究の場合は理科への好意度）について調整を行うという意味です。Holm は多重比較の方法、eta（η、イータと読む）は効果量の算出を指定しています。

　一般に、分散分析の結果は「分散分析表」（表 10.3）と呼ばれる表で示されますが、3 水準以上の被験者内要因がある場合は先に球面性検定（表 10.2）が行われます。


```
[ sA-Type Design ]
（中略）
```

表 10.1　記述統計：a1 = 小学生、a2 = 中学生、a3 = 高校生

```
<< DESCRIPTIVE STATISTICS >>
-------------------------
 A   n    Mean    S.D.
-------------------------
 a1 267  4.4082  1.2178
 a2 267  4.3408  1.2324
 a3 267  3.7491  1.2628
-------------------------
```

表 10.2　球面性検定

```
<< SPHERICITY INDICES >>
== Mendoza's Multisample Sphericity Test and Epsilons ==
--------------------------------------------------------------------
Effect Lambda approx.Chi df     p       LB     GG     HF     CM
--------------------------------------------------------------------
    A  0.0000   34.4169  2 0.0000 *** 0.5000 0.8914 0.8970 0.8969
--------------------------------------------------------------------
                  LB = lower.bound, GG = Greenhouse-Geisser
                  HF = Huynh-Feldt-Lecoutre, CM = Chi-Muller
```

<< SPHERICITY INDICES >> が球面性検定のことです。球面性検定は、対応のあるデータを採取する場合にデータの独立性を担保するために水準（条件）間の差の分散が等しいかどうかを検定します。

　データの独立性とは説明変数（小中高）以外の要因によって従属変数（ここでは理科に対する好意度）が影響を<u>受けない</u>という意味です。本研究の場合、あえて回答を小中高で同じ（異なる）ようにしようという、回答者の側の思惑などが説明変数以外の要因として考えられます。

　帰無仮説「各水準間の差の分散は等しい」は棄却されます（$p < .001$）。したがって、データの独立性（球面性の仮定）は担保されていません。そこで、表 10.3 の分散分析表に見られるように自由度（df）が調整されます（2 → **1.78**）。

表 10.3　分散分析表

```
<< ANOVA TABLE >>
== Adjusted by Greenhouse-Geisser's Epsilon for Suggested Violation
==
--------------------------------------------------------------------
 Source      SS      df     MS   F-ratio  p-value      eta^2
--------------------------------------------------------------------
    s   797.5830   266   2.9984
--------------------------------------------------------------------
    A    70.2422  1.78  39.3987  43.9539   0.0000 *** 0.0543
  s x A 425.0911 474.24  0.8964
--------------------------------------------------------------------
  Total 1292.9164  800   1.6161
                       +p < .10, *p < .05, **p < .01, ***p < .001
```

　F-ratio（F）＝43.95 は要因（小中高）による変動が、偶然の変動の43.95 倍あることを示しています（$p < .001$）。

　eta^2（η^2）＝0.054 は効果量を示します。eta^2 の判断基準は、< .01 ＝小、.01 ～ .06 ＝中、.06 ～ .14 ＝大（水本・竹内, 2014）です。したがって、0.054 は中程度の効果です。

3.4　多重比較

表 10.3 より、三つの条件間に差がある（$p < .001$）ので、その差がどの
ペア（小中、中高、小高）に起因するかを調べます。このプロセスを多重比
較と呼びます。多重比較には、さまざまな方法がありますが、ANOVA 君
では制約の少ない Holm の方法を使います。

```
== Holm's Sequentially Rejective Bonferroni Procedure ==
== The factor < A > is analysed as dependent means. ==
== Alpha level is 0.05. ==
（省略）
```

表 10.4　多重比較表

```
< MULTIPLE COMPARISON for "A" >
------------------------------------------------------------
  Pair    Diff  t-value  df       p    adj.p
------------------------------------------------------------
  a2-a3  0.5918  8.9497  266  0.0000  0.0000   a2 > a3 *
  a1-a3  0.6592  7.3971  266  0.0000  0.0000   a1 > a3 *
  a1-a2  0.0674  0.8974  266  0.3703  0.3703   a1 = a2
------------------------------------------------------------
```

表 10.4 から中学生時（a2）と高校生時（a3）、小学生時（a1）と高校生時（a3）
とで有意な差がある一方で、小学生時（a1）と中学生時（a2）では理科の好
き嫌いに差はない（a1 ＝ a2）ことがわかります。

4　結果の書き方

結果をまとめましょう。

　子供たちの理科離れが小中高のいつ頃からはじまるのか、高校 1、2 年生
267 名を対象に調べた。その結果、理科の好意度の平均値（sd）は小中高
段階でそれぞれ4.41（1.2）、4.34（1.23）、3.75（1.26）であった（6 点満点）。
　この結果について 1 要因の分散分析（繰り返しあり）を行った結果、有意で
あることが示された（$F(1.78, 800) = 43.95$, $p < .001$, $\eta^2 = .05$）。続

いて、Holm の方法による多重比較の結果、小学校と中学校の時点の理科に対する好意度が、高校時のそれと比較して有意に高かった ($t = 7.40$, $df = 266$, $p < .001$; $t = 8.95$, $df = 266$, $p < .001$)。また、小学校と中学校の時点では差がなかった ($t = 0.90$, $df = 266$, $p = 0.37$)。

この結果から、理科に対する好意度は小学校から中学校段階では変化がないが、高校で低下することが示された。

5 まとめ

高校生になると理科嫌いが増えるのは考えてみればそれほど驚くことでもありません。内容が高度化・細分化し、授業についていける生徒（ついていこうとする生徒も含めて）が減るのは想像に難くありません。これは理科に限ったことではないでしょう。

もう一つの理由として理科に特徴的なことは、小中学校では比較的多く行われていた実験が、高校になると激減することも影響しているかもしれません（中田, 2019）。

高校では理科を学ぶワクワク感よりも、大学受験をターゲットにした知識詰込み型の授業を優先せざるを得ないからでしょうか。実験のワクワク感を取り戻すことで、小中学校で育んできた理科に対する好奇心を再燃させられないものでしょうか。

6 便利な関数

```
describe(dat[, -1]) # 1列目以外の列の記述統計
dim(dat) # 行列数
```

7 類題

教室で教材・教具のデジタル化が進んで便利になった一方、黒板にも捨てがたい味わいがあります。それは先生の個性や授業への思いがチョークの一文字一文字に乗りうつり、それが生徒に伝わるからでしょうか。そんな板書

を生徒（学生）側から見たとき、板書にどのようなことを求めているのでしょうか。ここでは、板書のさまざまな要素の中でも、字、色使い、図表の3要素についてとりあげ、どれが最も重要な要因であるかを理系大学生95名を対象に調べてみることにしました。回答者はそれぞれの要素について重要性を6件法（6：とても大切、5：大切、4：やや大切、3：あまり大切でない、2：大切でない、1：全く大切でない）で回答しました。果たして、理系学生はどの3要素を重要視するのでしょうか。

使用ファイル bunnri3_sato.csv（letters：文字、color：色、figure：図表）

	A	B	C	D
1	id	letters	color	figure
2	1	3	1	4
3	2	5	6	4
4	3	6	6	6
5	4	4	3	6
6	5	6	4	1
7	6	6	6	6
8	7	6	3	6
9	8	5	4	5
10	9	4	4	5

図 10.3　bunnri3_sato.csv

参考文献

井関龍太 (2022). ANOVA 君 http://riseki.php.xdomain.jp/index.php?ANOVA%E5%90%9B (2022 年 7 月 1 日最終閲覧).

大森鐵之助(2022).「小中高の各段階における理科の興味関心とその変化の要因」法政大学理工学部創生科学科卒業論文

中田沙希(2019).「中高生の理科に対する好き嫌いとその原因―主要5 教科との関連性に着目して―」法政大学理工学部創生科学科卒業論文

10

## Chapter 11

二つの要因の絡みを浮き彫りにする

―TOEIC リスニングのスコアはどうすれば上がるのか―

1 Theory

　前章では理科に対する好意度が学齢期（小中高）によって異なるかを調べました。しかし、人間という研究対象の複雑さを考えたとき、好意度という一つの変数が一つの要因によって決まるというケースは珍しいといえるでしょう。むしろ、一つの要因の影響だけを見ていては、人間の本質を見落としてしまうかもしれません。

　そこで、本章では二つの要因（独立変数）によって結果（従属変数）が影響を受ける場合の分析の仕方を学びます。具体的には、英語のリスニング力に教師の指導法と学習者のレベル（熟達度）が与える影響を調べます。

2 研究課題

　TOEIC のスコアが就職や昇進に影響を与えるようになって以来、大学や専門学校では TOEIC 対策の授業が花盛りです。そうした試験準備クラスでは、「傾向と対策」を中心としたストラテジー指導に重きが置かれがちですが、果たして、リスニングの基礎力を上げる積み上げ式指導（ボトムアップ指導）とどちらが効果的なのでしょうか。そして、その効果の程度は学習者の熟達度（レベル）によって変わるのでしょうか。

　そこで、次のような研究課題を立てました。「TOEIC リスニングセクションのストラテジー指導とボトムアップ指導の効果は学習者の熟達度によって異なるか」。

　英語リスニングの熟達度が異なる 2 クラスを対象に実験を行いました。熟達度の低い A クラスは大学理系学部 23 名、熟達度の高い B クラスは教

育学部 25 名の計 48 名です。ストラテジー指導には週 1 回 90 分× 2 回分、ボトムアップ指導には週 1 回 90 分× 5 回分の授業をあてました。

　ストラテジー指導ではリスニング中のメタ認知知識（計画・予測・モニタリング・注意喚起）を活性化させて、テスト得点のアップを目指します。たとえば Part 1 では、本文放送前に写真から使用されると思われる語彙や英文を予測させます。Part 2 では文頭に意識を集中させると同時に、それぞれの選択肢が放送される直前に放送文を英語または日本語で再生するよう勧めます。Part 3、4 では本文放送前に問題文と選択肢に目を通させ、場面・状況・内容を予測させ、本文を聞きながら解答させます。

　一方、ボトムアップ指導では英語の音声についての明示的知識、たとえば音の変化や崩れに関するルールを日本語のそれとの比較をしながら教え、スコアアップを目指します。さらに、そうした明示的知識が非明示的知識に転化し音声処理が自動化されるように、宿題として再生活動（音読）を期間中週 1 回× 5 回課します。

　指導の順序は A クラスではストラテジー指導→ボトムアップ指導、B クラスではボトムアップ指導→ストラテジー指導の順としました。指導開始前、それぞれの指導直後の 2 回、計 3 回、TOEIC リスニング試験（100 項目）を行い指導の効果を調べました。

3 | 分析の手順

| 使用ファイル | descriptive_48.csv、Anova_interaction_48.csv、2ways48_interaction.csv |
| 使用パッケージ | psych、beeswarm |

	A	B	C	D	E	F
1	A_pre	A_mid	A_post	B_pre	B_mid	B_post
2	0.41	0.43	0.95	1.29	1.57	2.38
3	0.04	0.03	0.43	-0.28	0.13	0.84
4	0.5	0.53	1.46	1.61	3.34	4.49
5	0.95	1.02	1.17	0.9	1.31	1.66
6	0.8	0.85	1.46	0.8	0.9	2.02
7	0.04	0.03	-0.52	-0.14	0.79	1.87
8	0.6	0.64	0.79	0.95	0.79	1.11
9	0.5	0.53	1.28	-0.1	0.85	1.59
10	2	2.13	2.38	1.35	0.96	1.34

図 11.1　descriptive_48.csv：A_* は A クラスのテスト結果、B_* は B クラスのテスト結果、pre、mid、post はそれぞれ事前、中間、事後テストを示す

3.1　データの読み込み

descriptive_48.csv の保存場所を R Console の「ファイル」→「ディレクトリーの変更 ...」で指定します。

```
> dat = read.csv("descriptive_48.csv")
> attach(dat)
```

数値は標準得点（Chapter 2）に変換してあります。

3.2　記述統計と可視化

記述統計量を確認します。

```
> library(psych) # パッケージの呼び出し。
> describe(dat) # 記述統計
       vars  n mean   sd median trimmed  mad   min  max
A_pre     1 23 0.42 0.51   0.41    0.38 0.50 -0.38 2.00
A_mid     2 23 0.44 0.55   0.43    0.40 0.53 -0.43 2.13
A_post    3 23 0.81 0.69   0.79    0.80 0.73 -0.52 2.38
B_pre     4 25 0.61 0.55   0.70    0.60 0.70 -0.28 1.61
B_mid     5 25 1.05 0.74   0.90    0.98 0.71  0.03 3.34
B_post    6 25 1.43 0.89   1.40    1.37 0.70 -0.16 4.49
       range skew kurtosis   se
A_pre   2.38 1.07     1.70 0.11
A_mid   2.56 1.04     1.62 0.11
```

```
A_post   2.90   0.21    -0.40 0.14
B_pre    1.89  -0.11    -1.29 0.11
B_mid    3.31   1.03     1.45 0.15
B_post   4.65   1.34     3.36 0.18
```

beeswarm つきの箱ひげ図を描きます。

```
> boxplot(dat[, 1:6], main="熟達度×指導方法") # 図2の1列〜6列の意味。
```
タイトルは main=" " でした。
```
> library(beeswarm) # パッケージbeeswarmを呼びだして、箱ひげ図にデータ
```
の分布を表現します。エラーが出る場合はパッケージのインストールをしてく
ださい。
```
> beeswarm(dat, col="blue", pch=16, add=TRUE) # 色はお好きな色を。
```

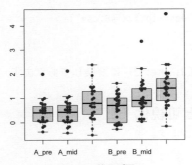

図 11.2　箱ひげ図

　図 11.2 から A クラスでは pre（事前テスト）から mid（中間テスト）で
は成績は伸びていませんが、mid から post では伸びているように見えます。
一方、B クラスでは介入期間を通じて成績が伸びているように見えます。
　しかし、グラフだけを見て差の有無を判断するのであれば（ばらつきを考
えずに判断するのであれば）検定は必要ありません。そこで、ばらつきを含
めて分析するために検定に移ります。

3.3 2要因混合デザインANOVA

3.3.1 データの読み込み

Anova_interaction_48.csvの保存場所をR Consoleの「ファイル」→「ディレクトリーの変更...」で指定し、dat2に代入します。

```
> dat2 = read.csv("Anova_interaction_48.csv")
> attach(dat2)
```

4列

48行

	A	B	C	D
1	class	pre	mid	post
2	A	0.41	0.43	0.95
3	A	0.04	0.03	0.43
4	A	0.5	0.53	1.46
5	A	0.95	1.02	1.17
6	A	0.8	0.85	1.46
7	A	0.04	0.03	-0.52
8	A	0.6	0.64	0.79
9	A	0.5	0.53	1.28
10	A	2	2.13	2.38

図11.3 Anova_interaction_48.csv

クラスごとの人数確認を行います。

```
> table(dat2$class) # または、table(dat2[, 1])でもOKです。
 A  B
23 25
```

3.3.2 ANOVAの実行

ANOVA君を事前に読み込んでおきます（Chapter 10）。2要因混合デザインのanovakun()の引数は、データフレーム、要因計画、被験者間要因の名前、被験者内要因の名前、球面性検定の結果による自由度の調整の有無、多重比較の方法、効果量の選択から成ります。難しい用語が続きますがめげないでください。以下に本研究課題での実際例を示しますので、それをじっくりと見て体得してください。

```
> anovakun(dat2, "AsB", class=c("classA", "classB"), time=c("pre",
"mid", "post"), auto=TRUE, holm=TRUE, eta=TRUE)
```

データフレーム dat2 につづく "AsB" の部分が要因計画です。被験者間要因（本研究ではクラス）を s の左側に、被験者内要因（本研究ではテスト）を s の右側に配置します。つまり、A が class、B が time（指導法）の 2 要因混合デザインです。

　そして、被験者間要因（A）の水準名と被験者内要因（B）の水準名を、順に c() を使って示します。順に記述することで ANOVAKUN は各水準が A（被験者間要因）か B（被験者内要因）かを判断します。要因計画名と水準名は " " で囲むのを忘れないでください。なお、ここで要因計画の「A」と「B」と水準（クラス）名の「A」と「B」は全く関係がありません。auto = TRUE は球面性検定（Chapter 10）が保証されなかったときに自由度を補正するよう指示します。holm = TRUE は多重比較を Holm の方法と指定し、eta = TRUE は効果量の指定です。

[AsB-Type Design]

This output was generated by anovakun 4.8.6 under R version 4.1.2.
It was executed on Wed Aug 17 08:16:54 2022.

表 11.1　記述統計量

<< DESCRIPTIVE STATISTICS >>

----
  class   time   n   Mean   S.D.
----
  classA   pre   23   0.4213 0.5079
  classA   mid   23   0.4422 0.5467
  classA   post 23   0.8117 0.6883
  classB   pre   25   0.6096 0.5485
  classB   mid   25   1.0508 0.7404
  classB   post 25   1.4332 0.8877

表 11.2　球面性検定

<< SPHERICITY INDICES >>
== Mendoza's Multisample Sphericity Test and Epsilons ==

```
----------------------------------------------------------------------
Effect  Lambda  approx.Chi  df     p        LB      GG      HF      CM
----------------------------------------------------------------------
  time  0.0000   98.5479     5  0.0000 ***  0.5000  0.7936  0.8173  0.8127
----------------------------------------------------------------------
                             LB = lower.bound, GG = Greenhouse-Geisser
                             HF = Huynh-Feldt-Lecoutre, CM = Chi-Muller
```

　球面性検定の帰無仮説は「水準間の差の分散が等しい」（平井・岡・草薙，2022, p.82）です。この仮説は表11.2から棄却されます（$p < .001$）。そこで、表11.3のように df（自由度）を調整し（2 → 1.59）（下線部）、F 値を修正します（田中, 2021, p.122）。

表11.3

```
== Adjusted by Greenhouse-Geisser's Epsilon for Suggested Violation
==
== This data is UNBALANCED!! ==
== Type III SS is applied. ==
----------------------------------------------------------------------
              Source      SS    df     MS  F-ratio  p-value      eta^2
----------------------------------------------------------------------
               class  8.0333     1 8.0333   7.2184  0.0100 *    0.0999
           s x class 51.1930    46 1.1129
----------------------------------------------------------------------
                time  8.9957  1.59 5.6679  38.4327  0.0000 *** 0.1118
          class x time  1.4554  1.59 0.9170   6.2178  0.0059 **  0.0181
   s x class x time 10.7670 73.01 0.1475
----------------------------------------------------------------------
        Total 80.7058   143 0.5644
                        +p < .10, *p < .05, **p < .01, ***p < .001
```

　2要因の分散分析ではまず、交互作用（class × time）の有無を見極めます。交互作用が有意なとき（F-ratio（F）＝6.2178）は主効果は見ません（田中, 2021）。交互作用が生じた原因を単純主効果（表11.4以降）で吟味することが主な作業になります。

効果量 eta^2 （η^2）＝ 0.0181（下線部）は、全変動（Total（平方和 SS）＝ 80.7058）に占める交互作用による変動（平方和 SS ＝ 1.454）割合（1.81%）を示します。

3.3.3 単純主効果の吟味

交互作用の原因を探るために単純主効果（表 11.4）の吟味に移ります。単純主効果とは別の因子が一定であるとした場合に、当該の変数が従属変数（TOEIC のリスニング得点）に与える効果のことです。たとえば、熟達度が低い場合（A クラスの場合）だけに限って考えたとき、リスニングの力は指導期間を通じて伸びたのか、あるいは、mid-test（中間テスト）だけに限って考えた場合、どちらのクラスが pre-test（事前テスト）と比較してリスニング力が伸びたかを吟味するのが単純主効果検定です。

表 11.4　単純主効果

```
< SIMPLE EFFECTS for "class x time" INTERACTION >
（中略）
----------------------------------------------------------------------
           Source      SS    df     MS  F-ratio  p-value      eta^2
----------------------------------------------------------------------
①   class at pre  0.4247     1 0.4247   1.5150   0.2246 ns   0.0319
        Er at pre 12.8956    46 0.2803
----------------------------------------------------------------------
②   class at mid  4.4374     1 4.4374  10.3453   0.0024 **   0.1836
        Er at mid 19.7308    46 0.4289
----------------------------------------------------------------------
③   class at post 4.6265     1 4.6265   7.2551   0.0098 **   0.1362
        Er at post 29.3337   46 0.6377
----------------------------------------------------------------------
④   time at classA 2.2191  1.01 2.1908  18.5745  0.0003 ***  0.0892
 s x time at classA 2.6284 22.28 0.1179
----------------------------------------------------------------------
⑤   time at classB 8.4934  1.49 5.6853  25.0463  0.0000 ***  0.1778
 s x time at classB 8.1386 35.85 0.2270
----------------------------------------------------------------------
                   +p < .10, *p < .05, **p < .01, ***p < .001
```

① [事前テストでのクラスの単純主効果]

クラス間で差がない（ns は差が有意ではない、の意味。$p = .2246$）という結果は、この研究の出発点と矛盾する結果です。しかし、これは3回のテストを標準化（Chapter 2）したことで起きた現象です。標準化される前のスコアを t 検定すると有意な差がありました（$t = -2.66$, $p = .011$, $r = .39$, 95% CI[−18.18, −2.49]）。

② [中間テストでのクラスの単純主効果]

中間テストでの class の効果が有意（$p = .0024$）、つまり、中間テストで熟達度によって効果の出方が異なることを示します。

③ [事後テストでのクラスの単純主効果]

事後テストでの class の効果が有意（$p < .010$）。つまり、事後テストで熟達度によって効果の出方が異なることを示します。

④ [A クラスでの単純主効果]

A クラスでの指導の効果が有意（$p < .001$）→多重比較表 11.5

⑤ [B クラスでの単純主効果]

B クラスでの指導の効果が有意（$p < .001$）、→多重比較表 11.6

　表 11.4 の単純主効果の分析結果から、④と⑤、つまり A と B 両方のクラスでの指導（time）の効果は有意でした。しかし、具体的にどの段階での指導（pre → mid、mid → post、pre → post）が効果的であったかは不明です。そこで、以下の表 11.5 および表 11.6 の多重比較に移ります。

表 11.5　A クラスでの指導効果の多重比較（表 11.4 ④の多重比較）

```
< MULTIPLE COMPARISON for "time at classA" >
== Holm's Sequentially Rejective Bonferroni Procedure ==
== The factor < time at classA > is analysed as dependent means. ==
== Alpha level is 0.05. ==
```

```
------------------------------------------------------------------
    Pair    Diff  t-value  df      p   adj.p
------------------------------------------------------------------
  pre-post  -0.3904  4.4289  22  0.0002  0.0006  pre < post *
  mid-post  -0.3696  4.1993  22  0.0004  0.0007  mid < post *
  pre-mid   -0.0209  2.5541  22  0.0181  0.0181  pre < mid *
------------------------------------------------------------------
```

熟達度の低い学習者（classA）のリスニング力は、いずれのテスト間でも差が有意であるので、介入期間を通してAクラスのリスニング力は継続的に向上したといえます。ここで興味深いのは、pre-mid の伸び幅（.02）は mid-post（.37）、pre-post（.39）に比べると相対的にかなり小さいものの、その伸びは有意であることです（$p = 0.0181$）。図 11.2、図 11.4、図 11.6 ではあたかも伸びていないように見えますが、伸びているのです。つまり、熟達度の低い学習者にとって、ボトムアップ指導もストラテジー指導も両方効果があったのです。

表 11.6　B クラスでの指導効果の多重比較（表 11.4 ⑤の多重比較）

```
< MULTIPLE COMPARISON for "time at classB" >
== Holm's Sequentially Rejective Bonferroni Procedure ==
== The factor < time at classB > is analysed as dependent means. ==
== Alpha level is 0.05. ==


------------------------------------------------------------------
    Pair    Diff  t-value  df      p   adj.p
------------------------------------------------------------------
  pre-post  -0.8236  5.7462  24  0.0000  0.0000  pre < post *
  mid-post  -0.3824  4.6107  24  0.0001  0.0002  mid < post *
  pre-mid   -0.4412  3.8299  24  0.0008  0.0008  pre < mid *
------------------------------------------------------------------
```

熟達度の高いBクラスでもAクラスと同様に、pre-mid、pre-post、mid-post すべてにおいて有意な差があります。これは、指導期間を通じてリスニング力が伸びていることを示します。つまり、熟達度の高い学習者にとっても、ボトムアップ指導もストラテジー指導も両方効果があったという

ことです。

3.4　交互作用の可視化
以下のコマンドで視覚的に結果を確認します。

```
> library(psych)
> x = stack(dat2[, 2:4])
> y = data.frame(dat2$class, x)
> y$dat2.class = factor(y$dat2.class)
> y$ind = factor(y$ind, levels=c("pre", "mid", "post"))
> names(y) = c("class", "score", "test")
> interaction.plot(y$test, y$class, y$score, type="b", pch=c(1, 2),
ylim=c(0.4, 1.5), xlab="Test", ylab="Measure", trace.label="Class")
```

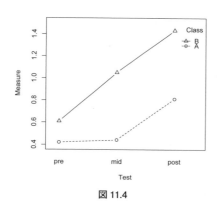

図 11.4

interaction.plot() の type = "b" は点と線の両方をプロットします。
pch = c(1, 2) はプロットのマーカー種類を指定します。1 は〇、2 は△です。
詳しくは、舟尾（2005, p.144）を参照してください。
　もう少し簡単なグラフの描き方を示します。図 11.5 のようなファイルを
別に一つ作ります。このようなファイルを縦型のデータ（long data）と呼
び、図 11.3 のファイルを横型のデータ（wide data）といいます。wide
data → long data の変換方法は Chapter 14, 3.4.3 項を参照してください。

```
> dat3 = read.csv("2ways48_interaction.csv")
> attach(dat3)
> names(dat3)
> interaction.plot(time, class, measure)
```

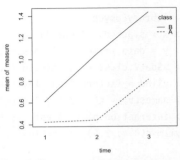

3列

	A	B	C
1	class	time	measure
2	A	1	2
3	A	1	1
4	A	1	0.95
5	A	1	0.8
6	A	1	0.75
7	A	1	0.75
8	A	1	0.6
9	A	1	0.6
10	A	1	0.5

48 × 3 行

図 11.5　2ways48_interaction.csv

図 11.6：1、2、3 はそれぞれ pre-、mid-、post-test

4 結果の書き方

結果をまとめましょう。

　英語リスニング指導法の効果が学習者の熟達度に応じて異なるかどうかを、TOEIC リスニングテストを使って大学生 48 名を対象に調べた。英語リスニングの熟達度の異なる 2 クラスを用意して、同一の教師がストラテジー指導を週 1 回 90 分× 2 回、ボトムアップ指導を週 1 回 90 分× 5 回、クラスによって順序を入れ替えて行った。そして、事前・中間・事後の計 3 回のテストを行った。標準化したリスニングテストスコアを従属変数、熟達度と指導方法を独立変数として 2 要因混合分散分析を行った。

　その結果、指導方法と熟達度の間に有意な交互作用が見られたので（$F(1.59, 143) = 6.22, p = .0059, \eta^2 = .018$）、単純主効果の検定を行った。その結果、中間テスト（$F(1, 46) = 10.35, p = .002, \eta^2 = .183$）と事後テスト（$F(1,46) = 7.255, p = .010, \eta^2 = .136$）で単純主効果（熟達度）の影響が有意であった。中間テストでの単純主効果は、ストラテジー指導が熟達度の低いクラスに与える効果よりも、ボトムアップ指導が熟達

度の高いクラスに与える効果のほうが大きいことを示した。また、事後テストの単純主効果は、ボトムアップ指導が熟達度の低いクラスに与える効果よりも、ストラテジー指導が熟達度の高いクラスに与える効果のほうが大きいことを示した。

　このことから、どちらの指導法も熟達度にかかわらず、TOEIC リスニングのスコアの向上に効果があること、熟達度の高いクラスのほうが低いクラスに比していずれの指導法も効果が大きいことが示された。

5 まとめ

　二要因の分散分析のポイントは交互作用があるかないかです。片方の要因の効果（本研究では指導の効果）がもう一方の要因（学習者の熟達度）に応じて異なるかを調べるところにポイントがあります。やや複雑な分析に見えるかもしれませんが、交互作用を発見した際の喜びは 1 要因の効果（Chapter 10）を見出したときの喜びよりも大きいものです。ぜひ、2 要因の分散分析の要因計画を組んで問題解決を試みてください。

　最後に、本研究のリサーチデザインで一つ足りない点を指摘しておかなければなりません。それは統制群（control group）がない点です。確かに指導前後で学習者のリスニングスコアは伸びていますが、その伸びが TOEIC を 3 回受け続けたことによる習熟効果（practice effect）に起因する可能性を否定できません。とりわけ、試験形式が固定化している TOEIC ではこの影響は無視できません。習熟効果を統制してスコアの上昇がみられて初めて、指導の効果があったといえるのでしょう。今後の研究が待たれるところです。

6 便利な関数

```
describe(dat)
interactions.plot(x, y, z) # x, y, zは列の変数名
```

7 | 類題

〈2 要因混合デザイン：対応なし×ありの場合〉

　Chapter 10 で理科への好意度が学齢に応じて（小中高）変化することを知りました。具体的には、小学校と中学校では変化は見られないものの、高校に上がると理科の好意度が下がりました。他方、理科への好意度は男子に比べて女子のほうが低いといわれてきました。そこで、理科への好意度に学齢と性別の交互作用があるかどうかを調べてみることにしました。「性別」が対応なし要因（被験者間要因）、「学齢」が対応あり要因（被験者内要因）なので 2 要因混合デザインです。なお、分析対象は性別を記入しなかった 10 人の回答者を除いた計 257 人となります。

使用ファイル omori_7_anovakun_2factor2.csv

	A	B	C	D
1	sex	小学生	中学生	高校生
2	f	6	6	5
3	f	3	3	2
4	f	3	3	3
5	f	3	1	1
6	f	5	5	3
7	f	3	3	2
8	f	5	5	3
9	f	4	4	4
10	f	1	3	6

図 11.7　omori_7_anovakun_2factor2.csv

参考文献

Yanagawa, K. (2023). The role of bottom-up strategy instruction and proficiency level in L2 listening test performance: an intervention study. *Language Awareness*, published online.

Chapter 12

複数の変数で一つの変数を説明する
―キャンパス学食の満足度は何によって決まるか―

1 Theory

　ある一つの変量——たとえば横浜スタジアムで行われるプロ野球横浜 DeNA ベイスターズ戦の 1 日のビールの売上本数——を左右する要因にはどのようなものがあるのでしょうか。考えられる要因としては、その日の天候、気温や湿度、試合の得点差などがありますね。

　これを統計的に裏付けて知りたいとき、**回帰分析**という手法があります。対象とする変量（ビールの売上数）のことを**従属変数（目的変数）**、それを左右する要因（天候他）を**説明変数（予測変数）**と呼びます。回帰分析では説明変数が**従属変数（目的変数）**に与える影響が直線的かつ加算的であると仮定しています。たとえば、気温が上がればビールの売上本数は伸びる、あるいは、点差が開けば売上本数は減るなどです。言い換えると、従属変数は説明変数の一次式（$y = ax + b$）で表せるということです。そして、説明変数が一つの場合を**単回帰**（分析）、説明変数が二つ以上の場合を**重回帰**分析と呼んで区別しています。1 日のビールの売上本数は、多くの要因が関わっていそうなので重回帰分析が相応しそうですね。

　また、回帰分析では、従属変数（目的変数）も説明変数も、間隔尺度か比率尺度（Chapter 2）である必要があります。しかし、従属変数が二値（0 か 1）の名義変数の場合でもロジスティック回帰分析（Chapter 12 発展）を使うことで、説明変数（予測変数）が名義変数の場合でもダミー変数を使うことで回帰分析が実行可能です。

2 研究課題

　学生時代にキャンパス内の学食のお世話になった人も少なくないと思います。そこで、学食の満足度とそれを左右する要因を 70 名の大学生を対象にして調査しました。下記のアンケート用紙中の 1「学食に満足している」が従属変数で、2 ～ 9 が説明変数です。

Q. 学食についてお聞きします。

　以下の各問いについて、あなたにとって最も当てはまる回答を 6（強くそう思う）～ 1（全くそう思わない）の中から一つだけ選んでください。

1. 学食に満足している　　　　　　（ 6 , 5 , 4 , 3 , 2 , 1 ）
2. メニューに満足している　　　　（ 6 , 5 , 4 , 3 , 2 , 1 ）
3. 食事の価格に満足している　　　（ 6 , 5 , 4 , 3 , 2 , 1 ）
4. 食事の量に満足している　　　　（ 6 , 5 , 4 , 3 , 2 , 1 ）
5. 食事の味に満足している　　　　（ 6 , 5 , 4 , 3 , 2 , 1 ）
6. 接客態度に満足している　　　　（ 6 , 5 , 4 , 3 , 2 , 1 ）
7. 提供速度に満足している　　　　（ 6 , 5 , 4 , 3 , 2 , 1 ）
8. 利用しやすさに満足している　　（ 6 , 5 , 4 , 3 , 2 , 1 ）
9. 営業時間に満足している　　　　（ 6 , 5 , 4 , 3 , 2 , 1 ）

3 分析の手順

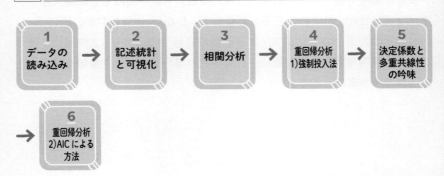

3.1　データの読み込み

east2.csv の保存場所を R Console の「ファイル」→「ディレクトリーの変更 ...」で指定します。

```
> dat = read.csv("east2.csv", fileEncoding="shift-jis")
```

日本語入力のファイルなので fileEncoding = "shift-jis" が必要です。なお、これを指定しても View( ) では文字化けを起こすエラーが報告されています（2023 年 4 月現在)。しかし、分析には影響しませんのでそのまま続けてください。

```
> attach(dat)
> head(dat) # head関数で最初の6行を確認して、ちゃんと読めているかを確認
します。
  満足 メニュ 価格  量 味 接客 速度 利用 時間
1    4    6    3  3  2   5   6   3   1
2    5    4    5  5  4   4   6   3   3
3    6    6    6  6  6   4   6   4   4
（以下省略）
> View(dat) # でも確認可能です（図12.1）。
```

図 12.1　east2.csv

3.2 記述統計と可視化

3.2.1 記述統計

データの概要を把握します。

```
> library(psych) # パッケージの呼び出し
> describe(dat)
      vars  n mean   sd median trimmed  mad min max
満足     1 70 4.34 1.37      5    4.48 1.48   1   6
メニュ   2 70 4.17 1.40      4    4.30 1.48   1   6
価格     3 70 3.84 1.40      4    3.88 1.48   1   6
量       4 70 4.01 1.43      4    4.12 1.48   1   6
味       5 70 4.09 1.34      4    4.20 1.48   1   6
接客     6 70 4.36 1.37      5    4.50 1.48   1   6
速度     7 70 4.84 1.34      5    5.07 1.48   1   6
利用     8 70 4.23 1.45      4    4.39 1.48   1   6
時間     9 70 4.11 1.65      4    4.27 1.48   1   6
      range  skew kurtosis   se
満足      5 -0.72    -0.11 0.16
メニュ    5 -0.58    -0.22 0.17
価格      5 -0.07    -0.77 0.17
量        5 -0.55    -0.44 0.17
味        5 -0.66    -0.06 0.16
接客      5 -0.72    -0.08 0.16
速度      5 -1.33     1.42 0.16
利用      5 -0.74    -0.16 0.17
時間      5 -0.60    -0.77 0.20
```

3.2.2 可視化

３行３列で各変数のヒストグラムを描きます。

```
> par(mfrow=c(3, 3)) # cはcombinedで一つのオブジェクトとしてみなします。
> hist(満足, breaks=seq(1, 7, 1), right=FALSE) # histの引数およびオプションの意味はChapter 1を参照してください。
> hist(メニュ, breaks=seq(1, 7, 1), right=FALSE) # 一度、使ったコマンドはカーソルキー「↑」でコピー可能でしたね。変更が必要な個所のみ（変数
```

名）を変えれば、ミスも時間も大幅に削減できます。

```
> hist(価格, breaks=seq(1, 7, 1), right=FALSE)
> hist(量, breaks=seq(1, 7, 1), right=FALSE)
> hist(味, breaks=seq(1, 7, 1), right=FALSE)
> hist(接客, breaks=seq(1, 7, 1), right=FALSE)
> hist(速度, breaks=seq(1, 7, 1), right=FALSE)
> hist(利用, breaks=seq(1, 7, 1), right=FALSE)
> hist(時間, breaks=seq(1, 7, 1), right=FALSE)
```

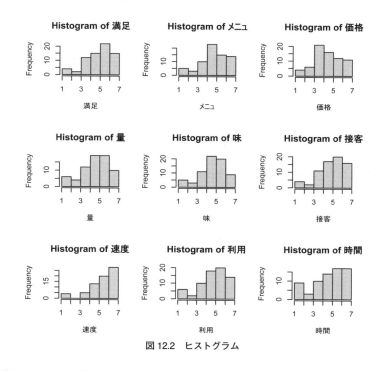

図12.2　ヒストグラム

3.3　相関分析

　各変数間の関係性の強弱を知ることができる相関分析は重回帰分析の最初のプロセスです。また、**多重共線性**（後述）のチェックにも有効です。しかし、それぞれの変数どうしの相関を一つひとつ計算していたらめんどうです。そこで、それを一発で算出してくれる便利な関数 pairs.panels() をご紹介します。引数はデータフレーム（dat）に続いて、ellipse（相関円）の有無、

stars（有意な相関係数の * の有無）（$p < .05$）、pch（文字の大きさ）など
があります。

```
> pairs.panels(dat[, 1:9], ellipse=FALSE, stars=TRUE, pch=21) #
ellipse=FALSEで相関円を消し、stars=TRUEで相関係数（Chapter 6）の有意性
を表示させます。
```

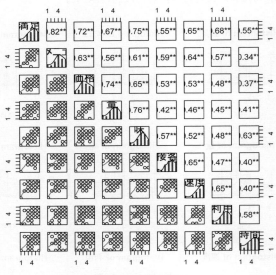

図 12.3　pairs.panels

　図 12.3 には 4 種類の要素が提示されています。対角線上にヒストグラム、
その左側には散布図と回帰直線が、右側に相関係数が表示されています。相
関係数の絶対値が示す相関の強さの判断基準（表 3.1）を再掲しました（吉田,
1998, p.74）。

表 3.1 （再掲）

相関係数	解釈
< 0.2	ほとんどない
0.2 〜 0.4	弱い
0.4 〜 0.7	中程度
> 0.7	強い

3.4 重回帰分析

重回帰分析にはいくつかの手法がありますが、ここでは代表的な二つの手法を紹介します。強制投入法（3.4.1）と AIC（Akaike Information Criterion、赤池情報量規準）による方法（3.4.3）です。強制投入法はすべての説明変数を同時にモデルに入れる方法であるのに対し、AIC による方法（以下、AIC 法）はなるべく少ない変数で目的変数を説明しようとする方法です。

3.4.1 強制投入法

lm( ) を使います。lm は線形モデル（linear model、1 次関数）のことです。回帰モデルは $y = ax + b$ の 1 次関数で表されました（本章 1 Theory）。lm の引数は「~」を挟んで、左に従属変数（dat[, "満足"]）、右に説明変数（dat[, "メニュ"]）です。説明変数は + で追加します。こうして重回帰モデルを lm.result に代入します。

```
> lm.result = lm(dat[, "満足"] ~ dat[, "メニュ"] + dat[, "価格"] +
dat[, "量"] + dat[, "味"] + dat[, "接客"] + dat[, "速度"] + dat[, "利
用"] + dat[, "時間"]) # このコマンドは 1 行で打ちましょう。
> lm.result

Call:
lm(formula = dat[, "満足"] ~ dat[, "メニュ"] + dat[, "価格"] +
    dat[, "量"] + dat[, "味"] + dat[, "接客"] + dat[, "速度"] +
    dat[, "利用"] + dat[, "時間"])

Coefficients:
    (Intercept)  dat[, "メニュ"]   dat[, "価格"]
       -0.03414         0.44369         0.18231
     dat[, "量"]     dat[, "味"]   dat[, "接客"]
       -0.01086         0.26152        -0.11373
   dat[, "速度"]   dat[, "利用"]   dat[, "時間"]
        0.04648         0.18326         0.07198
```

長くてメンドクサイなぁと思う人に向けて、短くて済むコマンドを紹介します。先に説明変数を y として代入します。

12

```
> y = dat[, 2:9] # 八つの説明変数（2列〜9列）をすべてyに代入します。
> lm.result = lm(dat[, 1] ~ ., data=y) # 「.」ピリオドの部分が説明変数
を示します。
> lm.result

Call:
lm(formula = dat[, 1] ~ ., data = y)

Coefficients:
(Intercept)        メニュ          価格            量            味
   -0.03414       0.44369       0.18231      -0.01086       0.26152
        接客          速度          利用          時間
   -0.11373       0.04648       0.18326       0.07198
```

summary( ) を使って、結果をアウトプットします。

```
> summary(lm.result)

Call:
lm(formula = dat[, 1] ~ ., data = y)

Residuals:
     Min       1Q   Median       3Q      Max
-1.26360 -0.35383  0.01069  0.41336  1.00469
```

Residuals は残差（予測値と実測値のずれ）のことで、「Residuals:」以下
は 5 数要約です。回帰モデル（回帰直線）は外れ値に大きく影響されるので（平
井, 2017, p.172）、残差を指標に外れ値のチェックを行っています。この
数値は標準化（Chapter 2）された値ですので、Min（最小値）および Max（最
大値）が絶対値 1.96 を超えていないということは、残差の範囲が標準正規
分布の 95％の面積内に収まることを示し、回帰モデルのあてはまりの良さ
を裏付けています。

続いて、t 検定で説明変数の有意性を検証します。*t* 値は偏回帰係数
[Estimate] とその標準誤差 [Std.Error] で決まります。そして、偏回帰係数
が小さいか、偏回帰係数が大きくても標準誤差が大きい場合には、*t* 値はゼ

ロ（0）に近くなり、従属変数の予測に寄与しません。反対に、偏回帰係数が大きく、標準誤差が小さい場合、t 値はゼロ（0）から遠い値をとり（絶対値が大きくなり）、従属変数の予測に寄与するようになります。

```
Coefficients:
                Estimate  Std. Error  t value  Pr(>|t|)
(Intercept)     -0.03414  0.29412     -0.116   0.9080
dat[, "メニュー"]  0.44369  0.07991      5.552   6.51e-07 ***
dat[, "価格"]     0.18231  0.08398      2.171   0.0338 *
dat[, "量"]      -0.01086  0.09072     -0.120   0.9051
dat[, "味"]       0.26152  0.10674      2.450   0.0172 *
dat[, "接客"]    -0.11373  0.07673     -1.482   0.1434
dat[, "速度"]     0.04648  0.08552      0.544   0.5887
dat[, "利用"]     0.18326  0.07657      2.393   0.0198 *
dat[, "時間"]     0.07198  0.06424      1.120   0.2669
---
Signif. codes:  0 '***' 0.001 '**' 0.01 '*' 0.05 '.' 0.1 ' ' 1

Residual standard error: 0.5921 on 61 degrees of freedom
Multiple R-squared:  0.8352,   Adjusted R-squared:  0.8136
F-statistic: 38.65 on 8 and 61 DF,  p-value: < 2.2e-16
```

● 重要ポイント①

　ここでの帰無仮説は「母集団から得られた t 値はゼロに等しい」です。「t 値はゼロに等しい」の意味は、従属変数の予測に役立たないという意味です（傾きが 0 なので x が増減しても y に変化がないか、または大きな傾きでも誤差が大きい）。Intercept は切片（$Y = ax+b$ の b）、Estimate は偏回帰係数、Std.Error は偏回帰係数の標準誤差、t value は t 値、Pr は有意確率を示します。偏回帰係数は x が 1 増えたときの y の増加量を示します。Signif. codes は（Pr(>|t|)）のヨコに付いている記号（*）で、有意確率を示します。

● 重要ポイント②

　Adjusted R-squared（調整済み決定係数）は有意な説明変数による目的変数の説明率です。なお、決定係数（0.8136）は実測値と回帰式による予

測値の相関係数です。

　Pr(>|t|) は、帰無仮説「母集団から得られた t 値がゼロに等しい」を正しいとしたとき（従属変数の予測に役立たないとしたとき）、偏回帰係数と標準誤差から求まる t 値よりも大きな値を得られる確率を示しています。その確率が < .05 であれば t 値はゼロではないと判断し、帰無仮説を棄却し、従属変数（満足度）を予測するのに役立つ説明変数であると考えます。例えば、「味」の t 値 2.450 よりも大きな値が得られる確率は 1.72%（$p = 0.0172$）しかありません（図 2.6 参照）。したがって、味は従属変数の予測に役立つ（$p < .05$）と考えるわけです。結果として、「メニュー」（$p < .001$）、「価格」（$p < .05$）、「味」（$p < .05$）、「利用」（$p < .05$）が予測に役立つ四つの有意な説明変数として抽出されました。

3.4.2　決定係数と多重共線性

　有意な説明変数が四つ抽出されたところで食堂の満足度（Y）を予測するモデル式（文字式）を書いてみます。

$$Y = 0.44369 \times メニュー + 0.18231 \times 価格 + 0.26152 \times 味$$
$$+ 0.18326 \times 利用 - 0.03414$$

　ここまでで、学食の満足度はメニュー、価格、味、利用（のしやすさ）の四つの説明変数で予測可能であること、その場合、その四つの説明変数が目的変数（学食の満足度）の分散の約 81.36% を説明することがわかりました。81.36% は説明率としては十分な値であてはまりのいいモデルだと言えます。

　なお、重回帰分析を実行する際には先述した外れ値のチェックに加えてもう一つ気を付けなければならないことがあります。**多重共線性**のチェックです。多重共線性とは、各説明変数間の相関が .9 を超え、説明変数間に相互作用が生じている状態をいいます。多重共線性が生じると決定係数（R^2 値）や偏回帰係数が実態以上に大きく出るという弊害があります。

　そこで、多重共線性のチェックをする方法として二つ紹介します。一つは相関係数を調べる方法ですが、図 12.3 を振り返ると .9 を超える相関をもつ変数はなさそうです。もう一つは VIF（Variance Inflation Factor）を vif() を用いて調べる方法です。VIF は 10 を超えなければ問題ないとされています（緒賀, 2018, p.155）。vif() にはパッケージ car が必要になります。

```
> library(car)
 要求されたパッケージ carData をロード中です
> vif(lm.result)
 メニュー    価格       量       味      接客      速度      利用
2.476355 2.721212 3.309580 4.013348 2.184413 2.571604 2.413754
    時間
2.202582
```

10 を超える VIF をもつ説明変数はないので、相関係数のチェックと併せると多重共線性の心配はなさそうです。

3.4.3 AIC による方法

重回帰分析には、強制投入法のほかにも AIC（Akaike Information Criterion）を指標にして最良のモデルを選択する方法があります。説明変数を増減しながら、最適のモデルをさがすステップワイズ法の一つです。

AIC が最小となる説明変数の組み合わせ（モデル）が最も予測能力が高いモデルと考えられています。AIC を用いて変数選択を行う際は、まず、すべての説明変数を含むモデルを推定し、そのモデルから AIC が最小となるモデルに用いた説明変数だけを採用します。なお、説明変数の数の少なさも「最良のモデル」の条件とされます（緒賀, 2018）。説明変数を増やせば予測能力は少なからず上がるからです。（田中, 2021, p.77）。

ここでは説明変数を一つずつ減少させながら、AIC が最も小さくなるモデルを探し出します（説明変数を増やしながら最良のモデルを探す方法もあります）。

AIC の算出にはパッケージ MASS が必要です。通常はインストールされていますので、library(MASS) で呼び出します。AIC による重回帰分析では、3.4.1 の結果 lm.result を step() の引数として実行し、それを stepre に代入します。

```
> library(MASS)
> stepre = step(lm.result)
Start:  AIC=-65.01
dat[, 1] ~ メニュー + 価格 + 量 + 味 + 接客 + 速度 + 利用 +時間
```

12

```
         Df Sum of Sq    RSS     AIC
- 量      1    0.0050 21.390 -66.990
- 速度    1    0.1036 21.488 -66.669
- 時間    1    0.4401 21.825 -65.581
<none>                 21.385 -65.007
- 接客    1    0.7701 22.155 -64.530
- 価格    1    1.6522 23.037 -61.797
- 利用    1    2.0083 23.393 -60.724
- 味      1    2.1043 23.489 -60.437
- メニュ  1   10.8072 32.192 -38.374
```

「- 量」の行は説明変数「量」を削除することで、AIC が Start の -65.01 から -66.99 まで小さくなるという意味です。したがって、次の Step では AIC = -66.99 から始まっています。

```
Step:  AIC=-66.99
dat[, 1] ~ メニュ + 価格 + 味 + 接客 + 速度 + 利用 + 時間

         Df Sum of Sq    RSS     AIC
- 速度    1    0.1022 21.492 -68.657
- 時間    1    0.4585 21.848 -67.506
<none>                 21.390 -66.990
- 接客    1    0.7754 22.165 -66.498
- 利用    1    2.0055 23.395 -62.717
- 価格    1    2.0220 23.412 -62.668
- 味      1    2.7490 24.139 -60.527
- メニュ  1   10.8030 32.193 -40.372
```

次に「速度」を削除することで、AIC が -66.99 から -68.657 まで小さくなることを示しています。

```
（Stepを二つ省略）
Step:  AIC=-69.27
dat[, 1] ~ メニュ + 価格 + 味 + 利用

         Df Sum of Sq    RSS     AIC
<none>                 22.556 -69.275
```

```
- 価格     1     1.6860 24.242 -66.229
- 利用     1     4.6710 27.227 -58.100
- 味       1     4.9444 27.500 -57.401
- メニュ   1    10.6888 33.245 -44.122
```

　AIC = -69.27 のモデルで収束していると判断し、このモデル、つまり価格、利用、味、メニューの四つの変数を投入したモデルを採用します。

```
> summary(stepre) # 結果をstepreとしてアウトプットします。

Call:
lm(formula = dat[, 1] ~ メニュ + 価格 + 味 + 利用, data = y)

Residuals:
     Min      1Q   Median      3Q      Max
-1.35293 -0.36952  0.08407  0.38753  1.14773

Coefficients:
            Estimate Std. Error t value Pr(>|t|)
(Intercept) -0.07062    0.26397  -0.268 0.789896
メニュ        0.40567    0.07309   5.550 5.66e-07 ***
価格          0.15983    0.07251   2.204 0.031055 *
味            0.28319    0.07502   3.775 0.000349 ***
利用          0.22466    0.06124   3.669 0.000493 ***
Signif. codes:  0 '***' 0.001 '**' 0.01 '*' 0.05 '.' 0.1 ' ' 1

Residual standard error: 0.5891 on 65 degrees of freedom
Multiple R-squared:  0.8262,   Adjusted R-squared:  0.8155
F-statistic: 77.24 on 4 and 65 DF,  p-value: < 2.2e-16
```

● **重要ポイント**

　Adjusted R-squared の値が .8155 で強制投入法（0.8136）よりもわずかに精度が上がっています。

　AIC による方法を用いた場合のモデル式（文字式）と強制投入法を用いた場合（3.4.1）のモデル式を以下に比較してみます。

12

AIC 法：
$Y = 0.40567 \times$ メニュ $+0.15983 \times$ 価格 $+ 0.28319 \times$ 味 $+0.22466 \times$ 利用
-0.07062
強制投入法の場合：
$Y = 0.44369 \times$ メニュ $+0.18231 \times$ 価格 $+ 0.26152 \times$ 味 $+0.18326 \times$ 利用
-0.03414

　AIC 法は有意な説明変数の偏回帰係数の大きさから、強制投入法に比して、味と利用（のしやすさ）を重視しています。一方、強制投入法はメニューと価格を重視しているという違いが見てとれます。

4 　結果の書き方

結果をまとめましょう。

　大学の学食の満足度に影響を与える要因を大学生 70 名を対象者として6 件法の質問紙を用いて調査した。その結果、学生は概ね学食に満足していることが示されたので（平均値 $M = 4.34$, 標準偏差 $SD = 1.37$）、その要因を調べた。
　メニューの豊富さ、価格、量、味、接客、提供速度、利用のしやすさ、営業時間の 8 要因を説明変数、学食への満足感を従属変数とし、まず、強制投入法による重回帰分析を行った。その結果、有意な説明変数としてメニュー、価格、味、利用のしやすさの四つの説明変数が抽出された（調整済み $R^2 = .8136$）。続いて、AIC 法による重回帰分析を行った結果、強制投入法による分析と同様の有意な説明変数が抽出された（AIC $= -69.28$）。AIC 法による R^2 が強制投入法による R^2 値よりも若干高かったので（調整済み $R^2 = .8155$）、AIC 法に基づくモデルを採用することとした。
　なお、どちらの方法をとっても、量、接客、提供速度、営業時間は有意な変数として抽出されなかった。また、説明変数間で多重共線性の問題は発生しなかった。

まとめ

キャンパスの学食に対する学生の満足度が、メニュー、価格、味、利用の
しやすさによって左右されるという結果は、我々の経験とも一致するのでは
ないでしょうか。重回帰分析は広く利用が可能な分析方法です。これをきっ
かけとして、読者の皆さんも手元のデータを使ってぜひ重回帰分析を実行し
てみてください。

6 類題

オンライン授業の満足度とそれを左右すると思われる要因について大学生
52 名を対象にアンケート調査を行いました。

満足感を左右すると思われる要因（説明変数）は、コミュニケーションの
取りやすさ、理解のしやすさ、集中できるかどうか、課題の内容に満足でき
るか、自宅の通信環境が整っているかどうか、PC の性能は十分であるか、
時間を有効に使うことができるかの七つとしました。この 7 要因それぞれ
について 6 件法（1：全くそう思わない、6：すごくそう思う）で回答して
もらい、オンライン授業の満足度を左右する要因を探りました。

使用ファイル online_face_id.csv

	A	B	C	D	E	F	G	H	I
1	id	満足	コミュニケ	理解	集中	課題	通信環境	貸与PC	時間
2	1	5	5	5	5	3	5	4	5
3	2	5	2	2	3	1	1	5	6
4	3	5	5	4	5	5	6	5	6
5	4	1	2	2	2	2	4	5	4
6	5	4	4	3	2	1	6	1	6
7	6	6	5	5	6	6	6	6	6
8	7	4	3	3	2	4	5	1	5
9	8	1	1	1	1	1	1	1	1
10	9	3	2	2	3	2	3	4	5

図 12.4 online_face_id.csv

説明変数から二値データを 予測する

―オンライン授業の印象を分ける要因は何か―

準備

第1部

1 Theory

　重回帰分析の目的変数（従属変数）は間隔尺度か比率尺度である必要がありました（本編）。すると、目的変数が試験の合否や勝ち負けなどの二値データをとる名義変数の場合に、説明変数から目的変数を予測できないのでしょうか。ロジスティック回帰分析を用いればそれが可能になります。

第2部

2 研究課題

　新型コロナウイルス感染症の影響で普及したオンライン授業は、今後も学校教育の一部を占める有力なプラットフォームとして利用され続けていくと思われます。一方で、オンライン授業の欠点として教師対生徒（学生）および生徒間（学生間）のコミュニケーション不足なども指摘されています。今後、そうした負の側面を改善しつつオンライン授業の利点を最大化していくためには、オンライン授業の何をどう改善していけばいいのでしょうか。

　そこで、オンライン授業の満足度を左右する要因について大学生 52 名を対象にアンケート調査をしました。オンライン授業の満足感を左右すると思われる要因(説明変数)として取り上げたのは以下の七つです。コミュニケーションが取りやすい、理解しやすい、集中できる、課題の内容が適切である、自宅の通信環境は整っている、学校貸与 PC の性能は十分である、時間の有効活用ができる。

第3部

Q. オンライン授業についてお聞きします。

以下の1～8の質問について、あなたにとって最も当てはまる回答を一つだけ選んでください。

	質問	回答
1	オンライン授業に満足している	満足している (1) 満足していない (0)
2	コミュニケーションがとりやすい。	1. 全くそう思わない 2. そう思わない 3. あまりそう思わない 4. ややそう思う 5. そう思う 6. すごくそう思う
3	授業が理解しやすい。	
4	集中しやすい。	
5	課題の内容は適切である。	
6	通信環境は整っている。	
7	貸与 PC の性能は十分である。	
8	時間を有効に使える。	

質問1が目的変数（従属変数）にあたる二値データです。

3 分析の手順

```
1              2            3            4
データの   →   記述統計  →  ロジスティック → 目的変数
読み込み      と可視化     回帰分析      の確率
                                       を推定
```

使用ファイル online_face_binomial.csv
使用パッケージ psych

	A	B	C	D	E	F	G	H
1	満足	コミュニケ	理解	集中	課題	通信環境	貸与PC	時間
2	1	5	5	5	3	5	4	5
3	1	2	2	3	1	1	5	6
4	1	5	4	5	5	6	5	6
5	0	2	2	2	2	4	5	4
6	1	4	3	2	1	6	1	6
7	1	5	5	6	6	6	6	6
8	1	3	3	2	4	5	1	5
9	0	1	1	1	1	1	1	1
10	0	2	2	3	2	3	4	5

図 12.5 online_face_binomial.csv

3.1 データの読み込み

online_face_binomial.csv を保存した場所を R Console の「ファイル」
→「ディレクトリーの変更...」で指定します。そして、そのファイルを以下
のコマンドで dat に代入します。

```
> dat = read.csv("online_face_binomial.csv", fileEncoding="shift-
jis") # 日本語入力があるファイルです。
> attach(dat)
```

3.2 記述統計と可視化

3.2.1 記述統計

データの概要を把握します。

```
> library(psych)
> options(digits=5) # outputの桁数が多すぎると見づらくなるので5桁にし
ます。
> describe(dat)
```

	vars	n	mean	sd	median	trimmed	mad	min	max
満足	1	52	0.69	0.47	1	0.74	0.00	0	1
コミュニケーション	2	52	2.94	1.35	3	2.93	1.48	1	5
理解	3	52	3.48	1.29	4	3.48	1.48	1	6
集中	4	52	3.35	1.47	3	3.31	1.48	1	6
課題	5	52	3.25	1.38	3	3.24	1.48	1	6
通信環境	6	52	4.69	1.38	5	4.90	1.48	1	6
貸与PC	7	52	3.52	1.53	4	3.55	1.48	1	6
時間	8	52	4.73	1.30	5	4.90	1.48	1	6

	range	skew	kurtosis	se
満足	1	-0.81	-1.37	0.06
コミュニケーション	4	0.06	-1.14	0.19
理解	5	-0.01	-0.74	0.18
集中	5	0.06	-0.81	0.20
課題	5	0.04	-0.74	0.19
通信環境	5	-1.03	0.27	0.19
貸与PC	5	-0.25	-1.02	0.21
時間	5	-1.08	0.66	0.18

3.2.2 可視化

　ヒストグラムを描きます。2行4列で一つの目的変数と七つの説明変数、計八つの変数を並べます。

　目的変数「満足」は二値ですが（0、1）、seq()の引数は最小値（0）・最大値（2）・階級値（1）とします（最大値（2）には1を足した値を指定します）。説明変数は6件法ですので（1, 7, 1）＝（最小値、最大値＋1、階級幅）です。

```
> par(mfrow=c(2, 4))
> hist(満足, breaks=seq(0, 2, 1), right=FALSE)
> hist(コミュニケーション, breaks=seq(1, 7, 1), right=FALSE)
> hist(理解, breaks=seq(1, 7, 1), right=FALSE)
> hist(集中, breaks=seq(1, 7, 1), right=FALSE)
> hist(課題, breaks=seq(1, 7, 1), right=FALSE)
> hist(通信環境, breaks=seq(1, 7, 1), right=FALSE)
> hist(貸与PC, breaks=seq(1, 7, 1), right=FALSE)
> hist(時間, breaks=seq(1, 7, 1), right=FALSE)
```

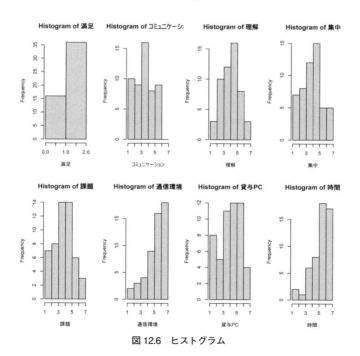

図12.6　ヒストグラム

3.3 ロジスティック回帰分析

ロジスティック回帰分析は2段階を経ます。まず、すべての説明変数を投入した場合のモデル式を立てて AIC（赤池情報量規準）を求めます。それによって抽出された有意な説明変数だけで立てられたモデル式の中で、最も小さい AIC をもつモデルを採択します。

3.3.1 ロジスティック回帰分析 part 1

glm() を用いてすべての説明変数を投入します。引数は「~」（チルダ）の左側に従属変数を、右側に説明変数を並べます。最後の引数 family = binomial で従属変数が二値の名義変数（binomial）であることを示します。そして結果を result_lg に代入します。

```
> result_lg = glm(dat[, "満足"] ~ dat[, "コミュニケーション"] + dat[,
"理解"] + dat[, "集中"] + dat[, "課題"] + dat[, "通信環境"] + dat[, "
貸与PC"] + dat[, "時間"], family=binomial) # PCは大文字
> result_lg

Call:  glm(formula = dat[, "満足"] ~ dat[, "コミュニケーション"] +
dat[,  "理解"] + dat[, "集中"] + dat[, "課題"] + dat[, "通信環境"] +
dat[, "貸与PC"] + dat[, "時間"], family = binomial)

Coefficients:
                (Intercept)  dat[, "コミュニケーション"]
                   -2.56543                      1.04756
            dat[, "理解"]                 dat[, "集中"]
                    0.76869                     -0.08069
            dat[, "課題"]             dat[, "通信環境"]
                    0.49007                     -0.17955
          dat[, "貸与PC"]                 dat[, "時間"]
                   -0.87055                      0.19801

Degrees of Freedom: 51 Total (i.e. Null);   44 Residual
Null Deviance:        64.19
Residual Deviance: 36.01   AIC: 52.01
```

Coefficients は回帰係数です。

続いて説明変数の有意性を検定します。

```
> summary(result_lg)

Call:
glm(formula = dat[, "満足"] ~ dat[, "コミュニケーション"] + dat[,
    "理解"] + dat[, "集中"] + dat[, "課題"] + dat[, "通信環境"] +
dat[, "貸与PC"] + dat[, "時間"], family = binomial)

Deviance Residuals:
    Min      1Q   Median      3Q      Max
-1.7697  -0.3422   0.2067   0.5029   2.0749
```

標準化された残差（Chapter 8）の値が最小値（Min）は絶対値で1.96未満（$p < .05$）最大値（Max）も2.56を超えていないので（$p < .01$）、回帰モデルのあてはまりのよさを示しています（Chapter 12の3.4.1）。

```
Coefficients:
                          Estimate Std. Error z value Pr(>|z|)
(Intercept)               -2.56543    2.11048  -1.216   0.2242
dat[, "コミュニケーション"]  1.04756    0.51786   2.023   0.0431 *
dat[, "理解"]              0.76869    0.50211   1.531   0.1258
dat[, "集中"]             -0.08069    0.45481  -0.177   0.8592
dat[, "課題"]              0.49007    0.43047   1.138   0.2549
dat[, "通信環境"]          -0.17955    0.33875  -0.530   0.5961
dat[, "貸与PC"]           -0.87055    0.43630  -1.995   0.0460 *
dat[, "時間"]              0.19801    0.35315   0.561   0.5750
---
Signif. codes:  0 '***' 0.001 '**' 0.01 '*' 0.05 '.' 0.1 ' ' 1

(Dispersion parameter for binomial family taken to be 1)

    Null deviance: 64.193  on 51  degrees of freedom
Residual deviance: 36.005  on 44  degrees of freedom
AIC: 52.005
```

（後略）

帰無仮説は「母集団における z 値は 0 に等しい」でした。ここでの z 値は、Chapter 11 で説明した t 値に相当する値です。「コミュニケーション」と「貸与 PC」の二つの説明変数が有意でした（$p < .05$）。

3.3.2　ロジスティック回帰分析 part 2

　有意であった二つの変数（「コミュニケーション」と「貸与 PC」）だけを取り出してもう一度ロジスティック回帰分析を実行し、結果を result_lg2 に代入します。

```
> result_lg2 = glm(dat[, "満足"] ~ dat[, "コミュニケーション"] + dat[,
"貸与PC"], family=binomial)
> result_lg2

Call:  glm(formula = dat[, "満足"] ~ dat[, "コミュニケーション"] +
dat[,  "貸与PC"], family = binomial)

Coefficients:
             (Intercept)  dat[, "コミュニケーション"]
                 -0.4994                      1.3640
        dat[, "貸与PC"]
                 -0.6260

Degrees of Freedom: 51 Total (i.e. Null);  49 Residual
Null Deviance:      64.19
Residual Deviance: 44.2       AIC: 50.2
```

　1 回目よりも AIC が小さい（52.005 → 50.2）ので回帰モデルとして改善していると考えます。

```
> summary(result_lg2)

Call:
glm(formula = dat[, "満足"] ~ dat[, "コミュニケーション"] + dat[,
    "貸与PC"], family = binomial)

Deviance Residuals:
```

```
      Min      1Q   Median      3Q      Max
  -1.9878  -0.5956   0.3004   0.6220   1.6267

Coefficients:
                             Estimate Std. Error z value Pr(>|z|)
(Intercept)                   -0.4994     1.0596  -0.471  0.637
dat[, "コミュニケーション"]       1.3640     0.4114   3.315  0.001 ***
dat[, "貸与PC"]                -0.6260     0.3031  -2.065  0.0389 *
---
Signif. codes:  0 '***' 0.001 '**' 0.01 '*' 0.05 '.' 0.1 ' ' 1

(Dispersion parameter for binomial family taken to be 1)

    Null deviance: 64.193  on 51  degrees of freedom
Residual deviance: 44.195  on 49  degrees of freedom
AIC: 50.195
（後略）
```

　貸与 PC の偏回帰係数が－（マイナス）なのは PC に満足しているほどオンライン授業の満足度が下がる傾向にあることを示唆しています。不思議な結果ですね。あとで解釈します。

　Null deviance、residual deviance はモデルの逸脱度としての指標です（逸見, 2018, p.214）。

　AIC は 1 回目の 52.005（3.3.1）から 50.195 となり改善しています。

4 | 目的変数の確率を推定

　学生がオンライン授業に満足するかしないかを二分する有意な変数として、「コミュニケーション」（のとりやすさ）と「貸与 PC」（の性能）が抽出されました。このように、満足か不満か、勝ちか負けか、合格か不合格かなど、二値データの確率を事前に説明変数の値から推定できれば、当事者は説明変数での目指すべき目標値がはっきりします。それによって、目標設定や動機付けがしやすくなる意義は大きいです。そこで、説明変数の値に応じて目的変数が 1 になる確率を推定します。

12

たとえば、「コミュニケーション」の回答が5（そう思う）、「貸与PC」の回答も5（そう思う）の場合に目的変数が1になる（授業に満足している）確率を求めます。下の式の意味は本書の範囲を超えるので、他書（たとえば、山田・川端・加藤（2021））を参照してください。

```
> exp1 = exp(-0.4994 + 1.3640 * 5 - 0.6260 * 5) / (1 + exp( - 0.4994
+ 1.3640 * 5 - 0.6260 * 5)) # result_lg2のsummaryの切片(Intercept)
と、有意な説明変数の偏回帰係数から成り立つ式です。
> exp1
[1] 0.960479
```

96.0%の確率でオンライン授業に満足しているという結果ですね。いずれの質問にも「5」と回答した人の満足度としては妥当な数値です。試しに今度は「コミュニケーション」と「貸与PC」に「3」を入れてみました。すると、オンライン授業に満足する確率が96.0%から84.7%に若干低くなりました。

```
> exp2 = exp(- 0.4994 + 1.3640 * 3 - 0.6260 * 3) / (1 + exp(- 0.4994
+ 1.3640 * 3 - 0.6260 * 3))
> exp2
[1] 0.847432
```

さらに、「コミュニケーション」と「貸与PC」それぞれの観測値によって目的変数が1になる確率（授業に満足している確率）の変動を、curve()を使い可視化してみます（図12.7、図12.8）。

```
> curve(exp(- 0.4994 + 1.3640 * x) / (1 + exp(- 0.4994 + 1.3640 *
x)), 1, 5, xlab="コミュニケーション", ylab="満足する確率", axes=TRUE,
main="コミュニケーション × オンライン授業") # 図12.7
```

図12.7でコミュニケーションの取りうる値に観測値6がないのは、データになかったからです（describe(dat)のアウトプット中のmax(最大値)参照）。貸与PCと授業満足度との関係はどうでしょうか（図12.8）。

```
> curve(exp(- 0.4994 - 0.6260 * x) / (1 + exp(- 0.4994 - 0.6260 * x)),
1, 6, xlab="貸与PC", ylab="満足する確率", axes=TRUE, main="貸与PC ×
オンライン授業")
```

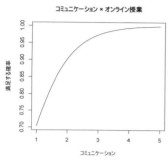

図 12.7　コミュニケーションと満足度

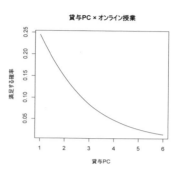

図 12.8　貸与 PC と満足度

　対照的なグラフとなりました。図 12.7 では、オンライン授業中に他の学生や教員とコミュニケーションが密になるほど授業に対して満足する確率は高くなることを示しています。特に、「コミュニケーション」への回答が 4「ややそう思う」でも確率が 1 に近似しており、オンライン授業内のコミュニケーションの重要性がわかります。

　一方、図 12.8 では、貸与 PC に満足している学生ほど授業全体に満足する確率が小さくなることを示しています。この原因は不明ですが、性能が疑問視されていた学校貸与の PC に対して不満を多く抱えている学生ほど、それだけ授業に対する要求や問題意識が高い傾向にあることが影響しているのかもしれません。

5　結果の書き方

結果をまとめましょう。

　新型コロナウイルス感染症で長く続いたオンライン授業（2020 年〜2023 年）の満足度を左右する要因は何かを調べるために、大学生 52 名を対象にアンケート調査を実施した。その結果、オンライン授業中のコミュ

ニケーションの取りやすさ（$p < .05$）と学校貸与 PC の性能（$p < .001$）の二つが有意な説明変数として抽出された（AIC $= 50.195$）。この結果から、オンライン授業が学生にとって満足したものになるためには、オンライン授業中のコミュニケーションの機会を増やすことと学校貸与 PC の性能を向上させることの必要性が示唆された。

5 まとめ

Chapter 12 とその発展編では、目的変数が間隔尺度でも名義変数でも重回帰分析やロジスティック回帰分析を使えることを学びました。本書では扱いませんでしたが、説明変数が名義変数であってもダミー変数を利用すれば回帰モデルを考えることができます。ぜひ回帰分析を使って研究の幅を広げてください。

7 類題

学食の満足度をロジスティック回帰分析してみます。east2.csv のデータの目的変数「満足」の 1 ～ 3 を「不満足」（0）とし、4 ～ 6 を「満足」（1）と変換しました。果たして、学食の印象を二分する要因は八つの説明変数のうちのどれでしょうか。

使用ファイル　east2_log.csv

	A	B	C	D	E	F	G	H	I
1	満足	メニュー	価格	量	味	接客	速度	利用	時間
2	1	6	3	3	2	5	6	3	1
3	1	4	5	5	4	4	6	3	3
4	1	6	6	6	6	4	6	4	4
5	1	6	4	4	4	4	6	6	5
6	1	6	6	6	4	4	6	6	1
7	0	5	3	1	1	4	6	4	1
8	1	4	4	3	3	5	6	6	6
9	0	3	2	2	2	5	6	4	1
10	1	5	5	1	2	4	6	6	4

図 12.9　east2_log.csv

参考文献

山田剛史・川端一光・加藤健太郎（編著）(2008).『Progress & Application 心理統計法』（サイエンス社）.

Chapter 13

共通する因子を見つける
―自分の心配や悩みを受けとめてくれたと感じる言葉とは―

1 Theory

　Chapter 12 では複数の説明変数が一つの目的変数にどのような影響を与えるかを調べました。本章では、複数の説明変数を要約する方法（松尾・中村, 2021, p.1）として、共通する因子を探し当てる因子分析を学びます。因子を発見することは、隠れた資質や能力・概念を浮き彫りにし、それが測定・数値化できるようになるという意味で、人間理解の促進と学術的に極めて有用です。

2 研究課題

　落ち込んでいる相手にどのような言葉をかけてやれば、少しでもその人の心が和らいだりほぐれたりするのでしょうか。その人の悲しみや苦しみはなくならなくても、誰かの言葉がけがあるだけで人はその場に立っていられるということがあるものです。

　そこで、13 人の大学生を対象に調べました（本来、因子分析には項目数の 2 倍（田中, 1999) ～ 5 倍（松尾・中村, 2021）の回答者が必要だといわれています）。

質問　次の 1 ～ 7 のなぐさめや励ましの言葉を聞いて、あなたは、その人が自分の悩みをどの程度受けとめてくれたと感じますか、次の中から一つだけ選んでください。

　すごくそう思う（6）、そう思う（5）、どちらかと言えばそう思う（4）、どちらかと言えばそう思わない（3）、そう思わない（2）、全くそう思わない（1）（田中 , 1999, p.213–214 の例改題）

言葉がけ

1　気を落とさずにパーーとどっか**遊び**に行こうよ。

2　信じていたのに悲しいよね。**つらいね**。がっかりしたでしょ。

3　いろいろな人がいるからね。**いい勉強**をしたと思ったらどう。

4　その子、ひどいなぁ。**ゆるせないね**。もう、友達じゃないよ。

5　わたしもそんなことがあったからわかる。まじ、**落ち込むよね**。

6　いまの気持ちをその子に言ったら。**話し合うべき**よ。

7　その子も**何かあった**のかもね。周りの人に事情を聴いてみたら。

質問項目数が 7 と少ないのは練習用のためです。

3　分析の手順

使用ファイル　language.csv
使用パッケージ　psych、psy、ggplot2

　因子分析ではまず、相関分析の結果（3.3.1）を参照しながら直観的に因子数のあたりをつけます（3.3.2）。因子数を決定するには二つの方法があります。**主成分分析**を行い**固有値**から因子数を確定する方法と、vss( ) を用いて統計的に決定する方法です。

　主成分分析とは、複数の要因（要素）に共通する分散（ばらつき）成分を取り出す分析のことであり、固有値は因子の支配力を表します（田中，1999, p.237）。例えば固有値 1 は、1 項目分の分散（ばらつき）を説明で

きることを意味します。因子数が決定したら、第1回目の因子分析を行います（3.3.3）。続いて、2回目の因子分析は、「因子の回転」を行うことで因子の構造を単純化し因子の解釈を容易にします（3.3.4）。そして、**パス図**を描いて因子と項目間および因子間の関係性を可視化します（3.3.5）。その後、抽出された因子の名づけを行うことで（3.3.6）、因子の特性をあきらかにします。最後に、必要に応じて、因子内の内的一貫性を示すために因子ごとの信頼性係数（α）を算出します（3.3.7）。

	A	B	C	D	E	F	G
1	遊びに	つらいね	いい勉強	ゆるせない	落ち込むよね	話し合うべき	何かあった
2	4	6	6	4	4	4	5
3	3	5	5	1	5	4	4
4	4	5	4	5	6	5	5
5	6	2	4	3	4	5	5
6	5	3	3	2	3	5	2
7	4	5	4	4	3	6	6
8	4	5	4	4	4	3	4
9	6	5	2	4	6	4	3
10	6	6	6	6	6	6	4
11	6	5	2	4	6	3	5
12	2	3	4	1	3	2	2
13	5	5	4	4	4	4	4

図13.1　language.csv

3.1　データの読み込み

language.csv を保存した場所を R Console の「ファイル」→「ディレクトリーの変更 ...」で指定します。

```
> dat = read.csv("language.csv", fileEncoding="shift-jis")
> attach(dat)
```

3.2　可視化

シンプルな棒グラフ（Chapter 2）に加えて、本章ではエラーバーを加えた棒グラフを描きます。エラーとは**標準誤差**（*se*）のことで、**標本平均**（サンプルの平均）から**母平均**（サンプルの背後にある本当に知りたい集団の平均）を推定する際に生じる誤差のことです。標本平均は、その標本の中から無作為に選ばれた値の平均値であって、必ずしもその背後にある母平均とは一致しないからです。標準誤差のバー（エラーバー）を描くことで母平均が取りうる値を表現します。エラーバーを加えた棒グラフを描くには次の①と

13

②の 2 段階を踏みます。

① describe() で平均値（mean）と標準誤差（se）を求める
② ggplot() を使って描画する。

```
> library(psych)
> describe(dat)
           vars  n mean   sd median trimmed  mad min max
遊びに         1 12 4.58 1.31    4.5     4.7 1.48   2   6
つらいね       2 12 4.58 1.24    5.0     4.7 0.00   2   6
いい勉強       3 12 4.00 1.28    4.0     4.0 0.74   2   6
ゆるせない     4 12 3.25 1.54    3.5     3.2 1.48   1   6
落ち込むよね   5 12 4.50 1.24    4.0     4.5 1.48   3   6
話し合うべき   6 12 4.33 1.23    4.5     4.4 0.74   2   6
何かあった     7 12 4.25 1.36    4.5     4.3 0.74   2   6
           range  skew kurtosis   se
遊びに         4 -0.39    -1.10 0.38
つらいね       4 -0.83    -0.70 0.36
いい勉強       4  0.00    -0.95 0.37
ゆるせない     5  0.03    -1.19 0.45
落ち込むよね   3  0.13    -1.75 0.36
話し合うべき   4 -0.32    -1.10 0.36
何かあった     4 -0.41    -1.19 0.39
> dat2 = describe(dat) # dat2にdescribe()の結果を代入します。
```

ggplot() を使うためにパッケージ ggplot2 をインストールします。エラー
バーつき棒グラフは、グラフの外枠、棒グラフ、エラーバーの 3 要素を指
定し描きます。ggplot() の引数は、geom_bar が棒グラフ、geom_errorbar が
エラーバーの指示です。xlab は横軸の名前です。以下のコマンドは長いで
すがここは我慢して打ちます。

```
> install.packages ("ggplot2", dependencies=TRUE)
> library(ggplot2)
> ggplot(data=dat2, aes(x=vars, y=mean)) + geom_bar(stat="identity",
position="dodge") + geom_errorbar(aes(ymax=mean + 1.96 * se,
ymin=mean - 1.96 * se), width=0.5) + xlab("言葉がけ") + theme_
classic()
```

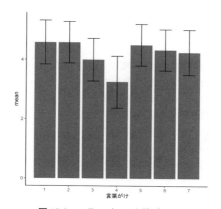

図 13.2　エラーバーつき棒グラフ
言葉がけ 1：遊びに、2：つらいね、3：いい勉強、4：ゆるせない、5：落ち込むよね、6：話し合うべき、7：何かあった

　エラーバーの存在によって、差があるように見えてしまう変数も必ずしもそうではないことに気がつきます。たとえば、図 13.2 の 4「ゆるせない」$(M = 3.5)$ は左隣の 3「いい勉強」$(M = 4.0)$ に比してかなり平均値が低く見えますが、4「ゆるせない」のエラーバーは 3「いい勉強」の上部の部分に相当程度重なっています。とすると、この二つの言葉がけには実質的には差がないのではないかと思わせます。実際には、クラスカル・ウォリス検定（Chapter 5 発展）や ANOVA（Chapter 10）を行えばわかりますね。

3.3　因子分析：因子分析は 2 回行う
　1 回目の因子分析で因子数を確定し（3.3.3）、2 回目（3.3.4）で各因子の特徴をハッキリさせます。

3.3.1　相関分析
因子分析の基本となる各項目間の相関分析から始めます。

```
> cor(dat) # Chapter 6で相関係数（相関行列）の出し方を学びましたね。
              遊びに      つらいね     いい勉強   ゆるせない   落ち込むよね
遊びに      1.00000000  0.05124267 -0.32515669   0.59460550    0.47399325
つらいね    0.05124267  1.00000000  0.34384095   0.43895468    0.50123001
いい勉強   -0.32515669  0.34384095  1.00000000  -0.04600437   -0.11433239
```

ゆるせない	0.59460550	0.43895468	-0.04600437	1.00000000	0.59172634
落ち込むよね	0.47399325	0.50123001	-0.11433239	0.59172634	1.00000000
話し合うべき	0.37545860	0.21836833	0.40414519	0.43028230	0.05940885
何かあった	0.31933403	0.49977189	0.41902624	0.61807005	0.35032924

	話し合うべき	何かあった
遊びに	0.37545860	0.3193340
つらいね	0.21836833	0.4997719
いい勉強	0.40414519	0.4190262
ゆるせない	0.43028230	0.6180700
落ち込むよね	0.05940885	0.3503292
話し合うべき	1.00000000	0.5987642
何かあった	0.59876416	1.0000000

桁数が多く見難いのですっきりさせます。

```
> options(digits=3) # digitsの最後の"s"を落とさないように気を付けましょう
> cor(dat)
```

	遊びに	つらいね	いい勉強
遊びに	1.0000	0.0512	-0.325
つらいね	0.0512	1.0000	0.344
いい勉強	-0.3252	0.3438	1.000
ゆるせない	0.5946	0.4390	-0.046
落ち込むよね	0.4740	0.5012	-0.114
話し合うべき	0.3755	0.2184	0.404
何かあった	0.3193	0.4998	0.419

（省略）

3.3.2 因子数

　因子数をいくつにするかは因子分析の結果を大きく左右しますが、因子数の決定方法は明確に定まっていません（松尾・中村, 2021, p.39）。ここでは、固有値であたりをつける方法と統計的な基準で決める方法の二つを紹介します。

● 固有値で因子数を決める

　固有値は因子の項目に対する支配力を表しました。たとえば、固有値3.127をもつ因子は3項目を支配できる力があることを意味します（田中, 1999,

p.237）。したがって、1 未満の固有値は変数を束ねる因子としての役目を
果たしません。固有値1 以上をもつ因子に着目する理由はここにあります。
固有値の算出には eigen() を使います。引数は cor() の結果を入れます。

```
> eigen(cor(dat)) # eigenは固有値 (eigenvalue) のことです。
eigen() decomposition
$values
[1] 3.1275893 1.6850052 1.0668950 0.3611341 0.3255460 0.2364484
0.1973820 # 固有値は項目の数だけアウトプットされます。

$vectors
（省略）
```

　固有値が1 を超えるのは 3.127、1.685、1.067 の三つです。したがって
三つの因子で 7 項目がグルーピングされる可能性が示唆されます。
　そのことを主成分分析によるスクリープロットを fa.parallel() で描いて
確認します（図 13.3）。スクリープロットとは固有値を大きな順にプロット
した図のことです。

```
> eigen.result = fa.parallel(dat)
```

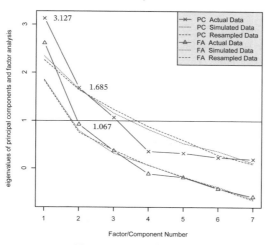

図 13.3　スクリープロット

PC（principal component、「主成分」の意味）Actual Data（右上）を見て、固有値（縦軸）が1以上の因子が3か所（×がプロットされている場所）見られますね。

● **統計的な基準で因子数を決める**

固有値で決める方法のほかに vss() を使って因子数を決める方法があります。

```
> vss(dat)
Very Simple Structure
Call: vss(x = dat)
VSS complexity 1 achieves a maximimum of 0.67  with  1  factors
VSS complexity 2 achieves a maximimum of 0.89  with  3  factors
```

3因子を推奨しています。

```
The Velicer MAP achieves a minimum of 0.12  with  2  factors
BIC achieves a minimum of  -22.72  with  1  factors
Sample Size adjusted BIC achieves a minimum of  2.19  with  3
factors
```

BIC（Bayesian Information Criterion）でも3因子を推奨しています。

```
Statistics by number of factors
  vss1 vss2  map dof   chisq  prob sqresid  fit RMSEA  BIC SABIC complex
1 0.67 0.00 0.13  14 1.2e+01 0.60    4.65 0.67    0 -22.7  19.6    1.0
2 0.63 0.87 0.12   8 4.2e+00 0.84    1.87 0.87    0 -15.7   8.5    1.4
3 0.55 0.89 0.14   3 5.7e-01 0.90    0.57 0.96    0  -6.9   2.2    1.7
4 0.56 0.86 0.23  -1 7.0e-10   NA    0.46 0.97   NA   NA    NA    1.7
5 0.48 0.72 0.44  -4 9.1e-08   NA    0.37 0.97   NA   NA    NA    2.2
6 0.47 0.81 1.00  -6 5.4e-14   NA    0.35 0.98   NA   NA    NA    2.1
7 0.47 0.81   NA  -7 4.5e-14   NA    0.35 0.98   NA   NA    NA    2.1
（省略）
```

3因子で因子モデルが適合する確率（prob）が0.90（下線部）と最も高くなっ

ています。

　以上から固有値でも統計的な基準でも因子数を「3」と確定しました。

3.3.3　因子分析 1 回目（因子数の確定）

　factanal()を用いて引数にデータフレーム dat と因子数（factors）3 を指定し、「因子分析」に代入します。

```
> 因子分析 = factanal(dat, factors=3)
```

　続いて、print()の第 1 引数に「因子分析」、cutoff = 0 を指定し、結果をアウトプットします。

```
> print(因子分析, cutoff=0)

Call:
factanal(x = dat, factors = 3)
Uniquenesses: # それぞれの言葉がけが三つの因子から独立している程度を独
自性（uniqueness）とよびます。
      遊びに      つらいね      いい勉強    ゆるせない
      0.231        0.346        0.273        0.274
落ち込むよね  話し合うべき    何かあった
      0.307        0.219        0.300
```

表 13.1　因子負荷量（loadings）

```
Loadings:

            Factor1 Factor2 Factor3
遊びに         0.215   0.152   0.837
つらいね       0.238   0.763  -0.125
いい勉強       0.598   0.176  -0.581
ゆるせない     0.348   0.555   0.545
落ち込むよね  -0.050   0.722   0.412
話し合うべき   0.858   0.033   0.210
何かあった     0.666   0.489   0.130
```

一般に、因子負荷量（loadings）の絶対値が .4 を超える項目が因子に含

める対象です（田中, 1999. p.242）。ただし、複数の因子に対して .4 を超える項目はグルーピングに含めない（田中, 1999, p.243）といわれています。たとえば、表 13.1 で「ゆるせない」は Factor2、Factor3 の両方にまたがって .5 を超える負荷量を示していますので（下線部）、因子を構成する項目として含めないとする主張です。

```
          Factor1 Factor2 Factor3
SS loadings    1.765   1.705   1.580
Proportion Var  0.252   0.244   0.226
Cumulative Var  0.252   0.496   0.721
```

Proportion Var はそれぞれの因子の因子寄与率（分散説明率）です。

一方、Cumulative Var（累積因子寄与率）はそれらを加えたときの説明率で、>.5 を超える因子までを採用するのが一般的です（田中, 1999, p.238）。Factor1 のみで分散の 25.2%, Factor2 を加えると 49.6%、さらに Factor3 を加えると 72.1% を説明し、50%（>.5）を超えます。

```
Test of the hypothesis that 3 factors are sufficient.
The chi square statistic is 0.57 on 3 degrees of freedom.
The p-value is 0.903
```

因子分析の帰無仮説「モデルが適合している」を棄却できません（$p =$ .903）。これは、3 因子での因子分析モデルが適合していることを示しています（松尾・中村, 2021）。

```
> 共通性 = 1 - 因子分析$uniquenesses
> 共通性
      遊びに     つらいね     いい勉強    ゆるせない  落ち込むよね
   0.7690485    0.6543620    0.7273816   0.7259988   0.6925801
  話し合うべき    何かあった
   0.7810358    0.6999561
```

共通性とは各項目が三つの因子からどの程度支配されているかを数値化したものです。1 から共通性を引いた分が独自性になります。

3.3.4 因子分析2回目（最適解）

　2回目の因子分析は因子の解釈を容易にするために行います。具体的には、各因子と項目の相関係数を大きくする（田中 , 1999, p.238）ために**プロマックス回転**させます。それによって、どの質問項目がどの因子に支配されているかが読み取りやすくなります。それは、回転によって項目の因子負荷量（絶対値）がある特定の因子に大きくなり、他の因子には小さくなるからです。この状態を**単純構造**といいます。

　factanal()を再度使って、オプション rotatoin で "promax" を指定し、その結果を「因子分析2」に代入します。

```
> 因子分析2 = factanal(dat, factors=3, rotation="promax")
> print(因子分析2, cutoff=0) # 結果をアウトプットします。

Call:
factanal(x = dat, factors = 3, rotation = "promax")

Uniquenesses:
      遊びに      つらいね      いい勉強    ゆるせない 落ち込むよね
      0.231        0.346        0.273        0.274        0.307
    話し合うべき  何かあった
      0.219        0.300
```

　表 13.2 に回転前の因子負荷量（表 13.1）と回転後の因子負荷量の両方を示しました。因子負荷量にメリハリがついたことで、回転前よりも因子がとらえやすくなっているのがわかると思います。

表 13.2　プロマックス回転前後での因子負荷量の比較

	1 回目（回転前）			2 回目（回転後）		
	Factor1	Factor2	Factor3	Factor1	Factor2	Factor3
遊びに	0.215	0.152	0.837	0.256	−0.007	**0.847**
つらいね	0.238	0.763	−0.125	−0.018	**0.843**	−0.254
いい勉強	0.598	0.176	−0.581	**0.556**	0.121	−0.598
ゆるせない	0.348	0.555	0.545	0.236	0.470	**0.480**
落ち込むよね	−0.050	0.722	0.412	−0.280	**0.798**	0.290
話し合うべき	0.858	0.033	0.210	**0.964**	−0.237	0.259
何かあった	0.666	0.489	0.130	**0.580**	0.363	0.083

　たとえば、Factor1 の「話し合うべき」の因子負荷量は 1 回目の因子分析結果では 0.858 であったのに対し、2 回目では 0.964 と増加しています。この場合、「話し合うべき」の観測値のばらつきの 93%（0.964^2）は Factor1 のばらつきに支配されていることを意味します。つづいて、回転後の各々の因子寄与率と累積因子寄与率を見てみます。三つの因子による累積因子寄与率は 1 回目（3.3.3）の 0.721 → 0.725（下線部）とわずかではありますが向上しています。なお、一つの因子は最低 3 項目から構成されるのが望ましいです（松尾・中村, 2021, p.30）。

```
                Factor1 Factor2 Factor3
SS loadings       1.775   1.771   1.528
Proportion Var    0.254   0.253   0.218
Cumulative Var    0.254   0.507   0.725

Factor Correlations:
        Factor1 Factor2 Factor3
Factor1  1.0000  0.0216   0.504
Factor2  0.0216  1.0000  -0.248
Factor3  0.5038 -0.2478   1.000
```

　上記は因子間の相関係数です。数値が低いほうが、それぞれの因子が因子として存在している価値があると考えられますね。

```
Test of the hypothesis that 3 factors are sufficient.
The chi square statistic is 0.57 on 3 degrees of freedom.
The p-value is 0.903
```

　帰無仮説「モデルが適合している」を棄却できないので（$p = .903$）、3 因子で説明可能と判断します。

3.3.5　パス図

　因子間の関係性と因子とそれが束ねる各質問項目の関係性を可視化するのがパス図です。fa.diagram() を使って、引数にはデータフレーム、cut、simple、sort、digits などを指定します。cut = 0 はある値以下の負荷量を表

示しないとき、simple = TRUE ですべての負荷量を表示しないときに使います。sort は図示前に因子負荷量を選択・削除するので FALSE としておきます。パッケージ pysch が必要です。

```
> library(psych)
> fa.diagram(因子分析2, cut=0, simple=TRUE, sort=FALSE, digits=3)
```

表 13.2 の 2 回目（回転後）の因子負荷量が図 13.4 に表現されていることを確認しましょう。

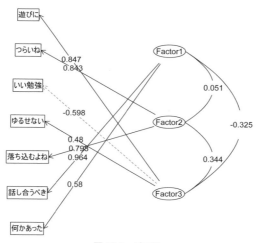

図 13.4　パス図

3.3.6　因子の命名

抽出された三つの因子に「名前づけ」をします。いよいよ、クライマックスです。名前づけには名付け親としての分析者・研究者のトピックに対する問題意識の深さとセンスが問われます。「名前づけ」のポイントは以下の 2 点です。

① プラスの負荷量（表 13.2 および図 13.4）を示している項目（>.4）から共通概念をくみ取る。

② マイナスの負荷量（表 13.2 および図 13.4）を示している項目が①と対
　の概念であるかどうか考える。

　因子Ⅰ（Factor1）は「話し合うべき」（.964）、「何かあった」（.580）、「い
い勉強」（.556）が ＞ .4 の負荷量を示している一方、「つらいね」「落ち込
むよね」がマイナスの負荷量を示しています。そこで、「問題解決志向型」
としました。「つらいね」「落ち込むよね」が共感を示しているのに対し、「話
し合うべき」「何かあった」は積極的に課題解決に向けた志向性を感じ取れ
るからです。

　これに対し因子Ⅱ（Factor2）は「つらいね」（.843）、「落ち込むよね」（.798）
と悩みや痛みを抱える人の感情に寄りそう姿勢を示しているので「共感型」
としました。行動志向型の「遊びに」と「話し合うべき」がマイナスを示し
ていることからも、相手の気持ちをまずは共感的に理解しようとする姿勢が
現れています。

　因子Ⅲ（Factor3）は「遊びに行こう」（.847）、「ゆるせない」（.480）の 2
項目で構成される「主観型」としました（「ゆるせない」は Factor3 だけでな
く Factor2 の「共感型」にも一定の因子負荷量を示していて、前述の理論に
従えば除いてもいいのですが、そうすると Factor3 を構成する項目が「遊び
に行こう」1 項目のみとなるので「ゆるせない」もこの因子に含めました）。「主
観型」とした根拠は、マイナスの負荷量を示している「いい勉強」（−0.598）
「つらいね」（−0.254, 表 13.2）が共感志向であるのに対し、「遊びに行こう」
「ゆるせない」は発言者の主観に基づき相談者の立場に寄り添う姿勢にやや欠
けていると思われるからです。

　以上、「問題解決志向型」「共感型」「主観型」の 3 因子によって励ましや
慰めの言葉がけは要約されることが示唆されました。

　因子の命名まとめ
　Factor1 ＝ 問題解決志向型
　Factor2 ＝ 共感型
　Factor3 ＝ 主観型

3.3.7 信頼性係数（*α*）

抽出されたそれぞれの因子で、下位項目間の内的一貫性（信頼性）がどの程度あるか、つまりどの程度共通のものを束ねたといえるかを信頼性係数（*α*）を算出することで確認します。算出方法は Chapter 6 で学びました。このプロセスは必ずしも因子分析では必須ではないのですが、グルーピングがどの程度うまく行えたかを知る指標になります。

● Factor1 「問題解決志向型」因子の信頼性係数

language.csv の第 3 列（「いい勉強」）と第 6 列（「話し合うべき」）第 7 列（「何かあった」の信頼性係数を求めます。

```
> library(psy)
> cronbach(dat[, c(3, 6, 7)])
$sample.size
[1] 12
$number.of.items
[1] 3
$alpha
[1] 0.73
```

0.7 を超える *α* が得られているので、内的一貫性が高いといえます（田中，2021, p.213）。

● Factor 2 「共感型」因子の信頼性係数

第 2 列（「つらいね」）と第 5 列（「落ち込むよね」）の信頼性係数を求めます。

```
> cronbach(dat[, c(2, 5)])
$sample.size
[1] 12
$number.of.items
[1] 2
$alpha
[1] 0.668
```

13

0.7 にはやや足りませんが、内的一貫性は一定程度あるといえます（田中, 2021, p.213）。

● Factor 3「主観型」因子の信頼性係数

第 1 列（「遊びに行こう」）と第 4 列（「ゆるせない」）の信頼性係数を求めます。

```
> cronbach(dat[, c(1, 4)])
$sample.size
[1] 12
$number.of.items
[1] 2
$alpha
[1] 0.74
```

0.7 を超える α が得られているので、内的一貫性が高いといえます（田中, 2021, p.213）。

各因子の内的一貫性（ α ＝0.67 ～ 0.74）は高いことが示され、質問項目のグルーピングがある程度うまくいっていることが示されました。

4 結果の書き方

結果をまとめましょう。

なぐさめや励ましの言葉を聞いて、その人が自分の悩みごとをどの程度受けとめてくれたと感じるか、13 人の大学生を対象に調べた。そして、その結果を基になぐさめや励ましの言葉にはどのような構成概念（因子）が含まれているかを抽出した。

因子分析前に行った主成分分析によるスクリープロットおよび vss( ) は3 因子解を示した。そこで、3 因子解を適当と判断し、プロマックス回転によって因子負荷量を得た。因子負荷量が絶対値 .4 以上の項目に沿って

因子間相関を加味して因子の解釈と命名をした。

　その結果、因子1（α =.73）は項目「話し合うべき」「何かあった」「いい勉強」にプラスの負荷量を示していることから「問題解決志向型」因子と命名した。因子2（α =.67）は項目「落ち込むよね」「つらいね」にプラスの高い負荷量を示していることから「共感型」因子と命名した。因子3（α =.74）は「遊びに行こう」（「ゆるせない」）がプラスの高い負荷量を示し、「いい勉強」「つらいね」がマイナスの負荷量を示していることから、「主観型」因子と命名した。

　以上から、落ち込んでいる相手への言葉がけには問題解決志向、共感志向、主観志向の三つの概念（因子）が潜在的にあることが示唆された。

5 　まとめ

　Chapter 3 ～ 7 で学んだ統計的仮説検定が確認的分析であるのに対して、因子分析は探索的な手法です。探索的であるという意味では、Chapter 8 の応用編である対応分析や Chapter 9 のテキストマイニング（自由記述分析）とも似ていて、分析者や研究者の解釈の自由度が高い分析であるともいえます。それゆえに、因子分析は面白くもあり、慎重でなければなりません。

　因子分析をさらに詳しく勉強したい人には、『誰も教えてくれなかった因子分析　数式が絶対に出てこない因子分析入門』（松尾・中村, 2021）を強くおススメします。たとえば、因子の命名に関しては因子の名前の付け方には決まった基準がないとし、「『エイヤッ』とつけるだけ」（p.11）と喝破します。あるいは一般に絶対値で＞ .40 といわれている因子負荷量の基準についても、「分析をした人が適当に決めるのです」（p.12）と肩の力が抜けています。因子分析をもっと知りたい、使えるようになりたいと思っている読者にとって、気楽に入っていけるおすすめの 1 冊です。

　便利な関数

```
cronbach(dat[, c(m, n)] # 信頼性係数α。mとnは任意の列数
vss( ) # 因子数の探索。( )内にはデータフレーム
```

7　類題

　「英語」で行う英語の授業が増えている一方で、そうした授業を苦手とする生徒（学生）もいるようです。それは、慣れない英語を人前で話すことへの不安や恐れ（外国語教室不安とよびます）からきているように思われます。

　そこで、彼らの教室内での外国語教室不安について調査してみることとしました。英語による英語の授業を半期（90分を毎週15回）受講した大学3年生28名を対象に、以下の10項目について受講前後で不安や恐れに変化があったかどうかを5件法で尋ねました（2：前よりもそう思う⇔−2：前よりもそう思わない）。その結果から教室内での外国語教室不安を構成する因子を抽出してみましょう（柳川, 2019）。

1　**自信**をもって英語を話せる（逆転項目）
2　英語を話すときに**間違う**と気になる
3　私が英語を話すと他の学生が**笑う**のではないかと思う
4　自分から進んで発言するのは**恥ずかしい**
5　先生が自分の間違いを**直し**そうで心配になる
6　**指名**されそうになると胸がドキドキする
7　**先生**が話す英語を理解できないと不安になる
8　英語を話すと**緊張**したり混乱したりする
9　他の学生のほうが自分より英語で話すのが上手だと感じている
10　他の学生の前で英語を話すと**自意識**がとても高くなる

　太字はキーワードです（9のみ「**劣等**」としました）。

| 使用ファイル | flca10.csv

	A	B	C	D	E	F	G	H	I	J
1	自信	間違い	笑う	はずかしい	直し	指名	先生	緊張	劣等	自意識
2	1	0	2	2	2	2	2	2	0	2
3	0	0	0	0	0	1	0	0	-2	0
4	1	1	1	0	1	0	0	0	-1	0
5	1	0	1	2	2	2	2	2	-2	-1
6	1	2	1	2	2	0	0	2	0	0
7	1	1	1	1	1	2	2	1	2	1
8	0	2	2	0	0	2	0	2	0	0
9	0	-1	0	0	0	0	0	1	0	0
10	2	1	1	2	2	2	2	2	1	-2

図 13.5　flca10.csv
2：前よりもそう思う、1：前よりもややそう思う、0：前後で変わらない、
-1：前よりもややそう思わない、-2：前よりもそう思わない

参考文献

柳川浩三(2019).「CLIL 型授業が学習者の情動に与える影響—言語不安の変容と心理欲求の充足」, *Dialogue, 17*, 1–21.

13

## Chapter 14

人をグループに分ける
―どうして大学に行くのか―

1 Theory

　因子分析（Chapter 13）が複数の質問項目を少数の因子に要約する手法だとすると、クラスター分析は人を同質性によって分ける方法といってもいいかもしれません（山際・田中, 1997）。クラスターは新型コロナウイルス感染症でお馴染みになったように、「かたまり」「まとまり」という意味です。その「かたまり」や「まとまり」を見つけるには、まず、トーナメント表に似たデンドログラムと呼ばれる図を見ながら探索的に行います。「探索的」の意味は、その分け方でやると結果的にうまく説明がつくとか、「そう分けたらおもしろい結果になる」（山際・田中, 1997）という程度のザックリした意味です。実際に、うまく説明ができることを検証するにはクラスター間で平均値の差を検定（分散分析 (Chapter 10)、クラスカル・ウォリス検定 (Chapter 5 発展)）する必要があります。そうすることで、探索的な分け方の妥当性を示すことができます。なお、クラスター分析では、各変数の得点幅や満点が異なるときには標準得点（Chapter 2）に変換すれば実行可能です（山際・田中, 1997）。本研究課題は得点幅も満点も同じ（5 件法）なので素点をそのまま使います。

2 研究課題

　あなたはどのような理由で大学を選択し進学しましたか。本章では現役大学生がどのような理由や動機で今の大学・学部・学科を選んだのかを、動機付け理論（Ryan & Deci, 2000）によって類型化することを試みます。
　動機付け理論では、人の学習動機は外発的動機付け→同一化調整→内発的

動機付けへと段階的に進むにつれて、自己決定の度合いが高まり学習意欲が高まるとされています。外発的動機づけとは、外的な報酬や他者からの働きかけによって行動（学習）が開始・促進され、行動の理由が個人の外側にある段階です。同一化調整の段階では、行動（学習）がもつ価値を認め、個人的に重要であるかどうかの理由によって自発的に行為が行われます。そして、内発的動機付けの段階では、興味や楽しさによって動機付けられ、行動の理由が完全に個人の内側にあります（JACET SLA 研究会 , 2013）。

　そこで、現役大学生がどのような理由で大学・学部・学科を選択したのか、125 名の大学生を対象に調べてみることにしました。質問紙は永作・新井（2003）を大学生用に改良して 32 項目とし、回答方法は 5 件法（1：全くそう思わない～ 5：すごくそう思う）としました。

表 14.1　自律的大学進学動機尺度 ［永作・新井（2003）を参考に作成］

Ⅰ．外発的動機付け（α = .849）

普通は大学に行くものだから
大学には行かなければならないものだから
大学に行かないと恥ずかしいから
高卒では厳しいから
大学に行かないと就職のとき困るから
勉強しないと恥ずかしいから
先生が行けと言ったから
親や保護者が行けと言ったから
皆が行くから
大学くらい行っておかないといけないから
勉強しないと不安になるから
自分が行きたいかどうかではなく自分の学力レベルに合わせて選んだ結果そうなったから
高卒では嫌だから
就職するのが嫌だったから

Ⅱ．同一化調整（α = .805）

大学に行けば将来の幅が広がるから
自分の学力を上げたいから
進学のために勉強したいと思ったから
知識を増やしたいと思ったから
勉強したほうが得だと思ったから
大学院などに進学したいから

自分の将来の夢を叶えるため
いろいろな資格をとるために必要だから
自分の学力レベルを考えるととてもあっていて良いと思ったから

Ⅲ．内発的動機付け（α = .906）

大学は楽しいから
大学という物が楽しそうだから
校風がいいと思ったから
大学が好きだから
行事が面白そうだったから
自分が気に入ったから
友達を増やしたいから
説明会やインターネット、情報誌などで調べていいと思ったから
部活動・サークル、企画などの団体行動をやりたかったから

3 分析の手順

使用ファイル takahashi_2retsuname.csv、takahashi_3_clus4_result.csv、takahashi_5_Anova2way.csv

使用パッケージ psych

　デンドログラムでクラスター数のあたりをつけ（3.2.1）、その分け方で各クラスター間で関心下の要因（動機付け）に統計的に有意な差があるかどうかを調べます（3.3、3.4）。もし、有意な差があるのならば、つまりクラスターの分け方に妥当性があるならば、関心下の要因の違いを可視化（ヒートマップ）します（3.5）。

	A	B	C	D	E	F	G	H	I	J
1	normal	must	恥	高卒	就職	勉恥	先生	親	皆	くらし
2	4	2	4	4	4	2	3	4	3	
3	3	4	2	4	4	2	1	4	4	
4	5	5	4	5	5	5	2	4	5	
5	5	5	5	5	5	5	2	2	5	
6	5	5	5	5	5	3	5	5	5	
7	5	5	4	5	5	4	5	5	5	
8	5	5	5	5	5	2	1	5	4	
9	1	2	5	5	5	3	1	1	4	
10	3	1	2	5	2	1	1	1	4	

図 14.1　takahashi_2retsuname.csv
外発的（取り入れ調整）動機付けの逆転項目は処理済み

3.1　データの読み込み

takahashi_2retsuname.csv を保存した場所を R Console の「ファイル」
→「ディレクトリーの変更 …」で指定します。

```
> dat=read.csv("takahashi_2retsuname.csv", fileEncoding="shift-jis")
> attach(dat)
> View(dat)
```

str() はデータ構造を確認するうえで便利な関数です。下の「125 obs. of
32 variables:」は 125 個の観測ケース（人）と 32 の変数の意味です。

```
> str(dat)
'data.frame':    125 obs. of  32 variables:
 $ normal    : num  4 3 5 5 5 5 5 1 3 5 ...
 $ must      : num  2 4 5 5 5 5 5 2 1 4 ...
 $ 恥        : num  4 2 4 5 5 5 4 5 5 2 4 ...
 （省略）
```

32 項目間の記述統計を describe() でざっと見ておきましょう。

```
> library(psych) # パッケージpyschは入っていますか
> describe(dat)
          vars   n mean   sd median trimmed  mad min max  （以降省略）
normal       1 125 3.97 1.14      4    4.15 1.48   1   5
must         2 125 3.35 1.28      3    3.44 1.48   1   5
```

恥	3	125	3.06	1.45	3	3.08	1.48	1	5
高卒	4	125	4.19	0.96	4	4.35	1.48	1	5
就職	5	125	4.32	0.93	5	4.50	0.00	1	5

（以下省略）

3.2 デンドログラムによる可視化と分類

クラスター分析の最初のプロセスは、人同士の関係の近さをデンドログラムで可視化することです。デンドログラムとは同質性の高い回答者を近くに、同質性の低い回答者を遠くに配置する樹形図のことでした（Chapter 9）。それを見てグループ分けの基準とするわけです。そのデンドログラムを何を根拠に R が描画するのかについては山際・田中（1997）を参照してください。本書ではウォード法を用いるという程度にとどめておきます。

3.2.1 デンドログラム

dist() を使い人同士の「距離」を測ります。dist は distance（距離）の意味です。その結果を「距離」に代入し、hclust() を用いた**階層的クラスター分析**の第 1 引数とします。階層的クラスター分析とは同質性が高い回答者から順次グループ化していく方法です（繁桝・柳井・森, 2008, p.195）。method に "ward"（ウォード法）を指定し階層的クラスター分析の結果をresult に代入します。

```
> 距離 = dist(dat[, 1:32])^2
> result = hclust(距離, method="ward") # hclustの意味は階層的クラスター
分析
 "ward"法は "ward.D" 法に名称変更されました。新しい "ward.D2"もありま
す
```

result に代入した階層的クラスター分析の結果を plot() の引数としてデンドログラムを描きます。

```
> plot(result)
```

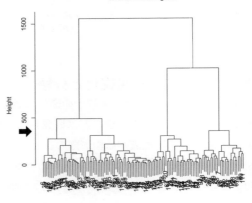

Cluster Dendrogram

距離
hclust (*, "ward.D")

図 14.2　デンドログラム

　デンドログラム（図 14.2）を見ながらうまく分割できそうなところを見つけます。縦軸の目盛り 500 の真下あたり（図中、➡）で横に切ると均等に四つに分割できそうです。そこで、cutree( ) を用いて回答者 125 人を 4 グループに分けた結果を「分類結果」に代入します。引数は result です。

```
> 分類結果 = cutree(result, k=4) # k=4は図14.2から見積もったクラスター
  （グループ）の数です。
> 分類結果 # 回答者125人一人ひとりがグループ（1〜4）に割り当てられま
  す。回答者の65番目と97番目は、それぞれグループ1と3（下線部）に割り当て
  られたことがわかります。
  [1]  1 2 1 1 1 3 2 2 4 2 3 4 4 3 4 1 3 2 1 4 4 1 1 2 1 3 2 2 2 3 1 2
 [33]  3 4 1 3 3 1 3 4 3 3 3 4 3 3 2 4 2 4 4 4 4 2 1 2 3 2 1 2 2 2 1 3
 [65]  1 2 4 2 1 1 1 1 1 4 1 2 2 3 1 2 4 3 1 4 1 1 4 1 1 3 4 4 3 2 1 1
 [97]  3 1 4 4 3 1 4 4 1 1 4 2 3 3 2 1 3 3 1 1 4 4 4 1 1 4 4 1 1
```

3.2.2　**グループ分けした列を加えたファイルの作成**

　回答者のグループ属性情報を、takahasi_2retsuname.csv（図 14.1）に一列加えて takahashi_3_clus4_result.csv として保存します。そのために

はまず、得られた分類（属性）結果のテキストデータを csv 形式へ変換する必要があります。テキスト→ csv 形式の変換ができると R での作業にも幅が出てきます。

1. 分類結果をコピー＆ペーストし、先頭の不要な番号を削除して、図14.3 の group.txt を作成し、PC 内の適当な場所に保存。

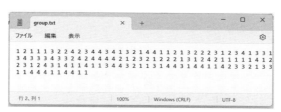

図 14.3　group.txt

2. group.txt をエクセルで呼び出す。エクセルのメニューの「ファイル」→「開く」→「参照」とし、上記 1. で group.txt を保存した場所を開く。
3. 図 14.4 のように「すべてのファイル」を選び、保存した場所から group.txt を選択して開く。
4. 図 14.5 が表示されたら「スペースによって……」がチェックされていることを確認し、[次へ]。

図 14.4　　　　　　　　　　　　　　　　**図 14.5**

5. 図 14.6 が表示されたら「次へ」をクリック。
6. 図 14.7 で「完了」すると、図 14.8 が表示される。

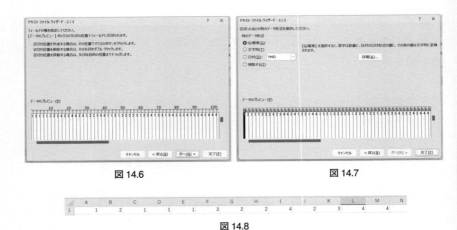

## 第1部

図 14.6　図 14.7

図 14.8

7. このファイルを縦横変換（セル A1 を選択した状態で Ctrl＋A で全体を
反転させコピー、新しいシートなどで右クリック→「貼り付けのオプショ
ン」または「形式を選択して貼り付け」→「行／列の入れ替え」で貼り
付ける）してできあがった列を、元のファイル takahashi_2retsuname.
csv に一列加えれば完成です。完成したファイルを takahashi_3_clus4_
result.csv とします（図 14.9）。

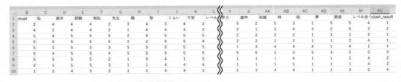

## 第2部

図 14.9　takahashi_3_clus4_result.csv
（少し見難いですが）最右列がクラスター分析で分類されたグループ

33 列（32 項目 ＋1（グループ分けを示す列）になっているのを確認します。
1 列加えたファイル（図 14.9）を dat2 として読み込みます。

```
> dat2 = read.csv("takahashi_3_clus4_result.csv", fileEncoding="shift-
jis")
> attach(dat2) # dat2なので間違えないよう。
> dim(dat2) # 行列数の確認
```

```
[1] 125    33  # 1列増えたので33列になっています。
```

3.3 by( )でグループ間の違いを発見

　四つに分類された大学生グループで進学動機がどのように異なるかを浮か
び上がらせます。まず、by( )を使ってグループごと（「層別」といいます）
の32項目に対する回答の基礎統計量の違いを見ます。ここでは例として、「普
通は大学に行くものだから」（normal）に対するグループごとの回答結果の
違いを比較します。by( )の引数は、（従属変数、独立変数、describe）の順
です。

```
> library(psych) # describeはパッケージpsychが必要です。
> by(dat2$normal, dat2$clus4_result, describe) # ①
```

normal に対するグループ 1 （$n = 41$）の記述統計

```
  dat2$clus4_result: 1
     vars  n mean   sd median trimmed mad min max range skew kurtosis   se
X1      1 41 4.37 0.54      4    4.36   0   3   5     2 0.06    -1.09 0.08
```

normal に対するグループ 2 （$n = 26$）の記述統計

```
  dat2$clus4_result: 2
     vars  n mean   sd median trimmed  mad min max range  skew kurtosis   se
X1      1 26 4.12 1.18    4.5    4.32 0.74   1   5     4 -1.34     1.05 0.23
```

normal に対するグループ 3 （$n = 27$）の記述統計

```
  dat2$clus4_result: 3
     vars  n mean   sd median trimmed mad min max range  skew kurtosis  se
X1      1 27 4.59 0.5       5    4.61   0   4   5     1 -0.36    -1.94 0.1
```

normal に対するグループ 4 （$n = 31$）の記述統計

```
  dat2$clus4_result: 4
     vars  n mean   sd median trimmed  mad min max range skew kurtosis   se
X1      1 31 2.77 1.26      3    2.72 1.48   1   5     4 0.32    -0.93 0.23
```

　上記から Group4 の平均値（下線部 2.77）が他のグループに比して低い

ことが目につきます。Group4 は自律的な理由で大学進学をしたことを示唆する結果です。

続いて、もう一つの例として「大学には行かなければならない」(must)でのグループごとの記述統計の結果の違いを見ます。上カーソルで先ほどのコマンド (コメントの①) をコピーし、従属変数を示す normal を must に置き換えれば速いですね。

```
> by(dat2$must, dat2$clus4_result, describe)
（以下、省略）
```

しかし、これをあと 30 回も繰り返すのは手間です。そこで、一遍に行う方法をお伝えします。引数は normal、must のときと基本的には同じですが、すべての従属変数を指定するため、dat2[, 1:32] とします。

```
> by(dat2[, 1:32], dat2$clus4_result, describe) # [, 1:32]の「:」（コ
ロン）は、「-」（ハイフン）でもOKです。
```

dat[, 1:32] は 1 列から 32 列の基礎統計量（describe）をグループごとに返せ、の意です。

グループ 1 ($n = 41$) の各質問項目の記述統計

dat2$clus4_result: 1

	vars	n	mean	sd	median	trimmed	mad	min	max	（以降省略）
normal	1	41	4.37	0.54	4	4.36	0.00	3	5	
must	2	41	3.68	0.93	4	3.73	1.48	2	5	
恥	3	41	3.37	1.16	3	3.39	1.48	1	5	
高卒	4	41	4.24	0.89	4	4.39	1.48	1	5	

（中略）

グループ 2 ($n = 26$) の各質問項目の記述統計

dat2$clus4_result: 2

	vars	n	mean	sd	median	trimmed	mad	min	max	（以降省略）
normal	1	26	4.12	1.18	4.5	4.32	0.74	1	5	
must	2	26	3.81	1.06	4.0	3.86	1.48	2	5	

恥	3	26	3.08	1.70	3.5	3.09	2.22	1	5
高卒	4	26	4.58	0.70	5.0	4.68	0.00	2	5

（以下省略）

上記のようにグループごと（クラスターごと）の各質問項目の記述統計が
あっという間にアウトプットされました。そもそも R を使うのは分析に費
やす時間を最小限にして考える時間を多くとるためです。その意味で、R を
使えることは非常に有効であり、R はそのための武器となり得ます。結果を
ザックリ見てグループ間での違いを考えてみるのもいいでしょう。

3.4　ANOVA（2 要因混合デザイン）

　Group4 は外発的動機付けが弱そうだといったグループごとの記述統計を
3.3 で概観しました。しかし、グループごとの違いをまだ明示的に述べられ
るようにはなっておらず、クラスター分けの妥当性を示したことになりませ
ん。

　そこで、グループ（被験者間要因）と動機付け要因（被験者内要因 3 水準）
を独立変数とし、グループごとの動機付け別平均値を従属変数とする 2 要
因混合デザイン分散分析を行います（Chapter 11）。

3.4.1　ANOVA の準備：3 種の動機付けごとに個人の平均値を出す

　クラスター分析によって分けられた四つのグループによって、三つの動機
付け（外発的、内発的、同一化）の濃淡に差があるかどうかを調べます。ま
ず、32 項目を三つの動機付けに分けたときの一人ひとりの平均値を算出し
ます。外発的動機付けを測る項目は 14 項目、内発的動機付けは 10 項目、
同一化調整は 8 項目でした。そうして作成したファイルが takahashi_5_
Anova2way.csv（図 14.10）です。図 14.10 では見えませんが、A 列を下
に追っていくとグループ 2、3、4 に分けられた人のデータが人数分入って
います。

14

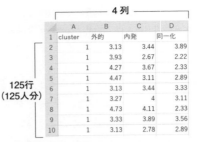

図14.10 takahashi_5_Anova2way.csv

3.4.2 ANOVA（2要因混合デザイン）の実行

ANOVA君を使って分析を行うので、Chapter 10を参照してインストールしてください。

R Consoleをアクティブにして、「ファイル」→「Rコードのソースを読み込み」から保存してあるANOVA君を読み込みます。すると、次のようなコマンドが表示されます。なお、ANOVA君の保存場所は人によって異なります。

```
> source("C:\R\\text\\anovakun_486.txt")
```

続いて、2要因混合計画のコマンドを打ちます（Chapter 11）。コマンドの引数の意味はChapter 11を参照ください。

```
> dat3 = read.csv("takahashi_5_Anova2way.csv", fileEncoding="shift-
jis")
> attach(dat3)
> anovakun(dat3, "AsB", group=c("G1", "G2", "G3", "G4"),
motivation=c("外発", "内発", "同一化"), auto=TRUE, holm=TRUE,
eta=TRUE)

[ AsB-Type Design ]
This output was generated by anovakun 4.8.6 under R version 4.2.2.
It was executed on Fri Feb  3 21:09:06 2023.
```

グループ×動機付けの記述統計です。

```
<< DESCRIPTIVE STATISTICS >>
----------------------------------------
group motivation  n   Mean   S.D.
----------------------------------------
   G1     外発    41  3.4459  0.4441
   G1     内発    41  3.3773  0.5710
   G1    同一化   41  3.2356  0.6316
   G2     外発    26  3.1873  0.4706
   G2     内発    26  1.9308  0.8060
   G2    同一化   26  2.7008  0.5521
   G3     外発    27  3.5822  0.4916
   G3     内発    27  3.8230  0.6563
   G3    同一化   27  4.1274  0.4342
   G4     外発    31  2.5139  0.5654
   G4     内発    31  2.7342  0.7556
   G4    同一化   31  3.7413  0.5898
----------------------------------------
```
（以下省略）

3.4.3 Interaction plot の可視化

　グループ×動機付けを interaction.plot() を用いて可視化します（Chapter 11）。そのためには横型のファイル（wide data）を縦型のデータ（long data）に変換する必要があります。Excel を使うとかなりの時間と手間を要しますが、R では melt() を使用することで一発でできます。melt() にはパッケージ reshape が必要です。以下のように、wide data（takahasi_5_Anova2way.csv）から long data への変換とグラフ描画を行います。

```
> install.packages ("reshape", dependencies=TRUE)
> library(reshape)
```

　wide data を代入した dat3 の cluster を id（要因）として認識させ、そのファイル（long data）を dat4 に代入します。

```
> dat4 = melt(dat3, id="cluster")
> attach(dat4)
```

dat4（long data）の最初の6行を見てみます。long dataになっていますね。

```
> head(dat4) # variableは変数、valueは統計量の意。
  cluster variable value
1       1     外的  3.13
2       1     外的  3.93
3       1     外的  4.27
4       1     外的  4.47
5       1     外的  3.13
6       1     外的  3.27
```

図をプロットします。引数は、x軸（variable）、凡例（cluster）、縦軸（value）の順です。

```
> interaction.plot(variable, cluster, value)
```

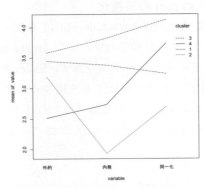

図 14.11　グループ×動機付けの平均値

変換された long data を csv ファイルで保存しておきたい場合は、本章3.2.2 を参照してください。

ANOVA の結果に戻って分析結果を見ていきます。

```
<< ANOVA TABLE >>
== Adjusted by Greenhouse-Geisser's Epsilon for Suggested Violation
==
== This data is UNBALANCED!! ==
== Type III SS is applied. ==


--------------------------------------------------------------------------
          Source      SS   df      MS  F-ratio  p-value       eta^2
--------------------------------------------------------------------------
           group  67.7509   3 22.5836 54.5577   0.0000 *** 0.2725
       s x group  50.0867 121  0.4139
--------------------------------------------------------------------------
      motivation  14.2944   2  7.1472 22.8377   0.0000 *** 0.0575
group x motivation  40.7673   6  6.7946 21.7109   0.0000 *** 0.1640
s x group x motivation  75.7353 242  0.3130
--------------------------------------------------------------------------
           Total 245.9701 374  0.6577
                        +p < .10, *p < .05, **p < .01, ***p < .001
```
（中略）

group x motivation は交互作用があることを示す重要な情報です。

　交互作用があるときは単純主効果を見ます（Chapter 11）。主効果（group
と motivation）は無視します。

```
< SIMPLE EFFECTS for "group x motivation" INTERACTION >


--------------------------------------------------------------------------
          Source      SS   df      MS  F-ratio  p-value       eta^2
--------------------------------------------------------------------------
   group at 外発  21.0094   3  7.0031 28.9181   0.0000 *** 0.4176
      Er at 外発  29.3027 121  0.2422
--------------------------------------------------------------------------
   group at 内発  56.0164   3 18.6721 39.2185   0.0000 *** 0.4930
```

14

```
        Er at 内発 57.6087  121   0.4761
----------------------------------------------------------------------
 group at 同一化 31.4924   3 10.4975  32.6439   0.0000 *** 0.4473
    Er at 同一化 38.9107  121   0.3216
----------------------------------------------------------------------
   motivation at G1  0.9427   2  0.4714   1.3813   0.2572 ns  0.0249
s x motivation at G1 27.3001  80   0.3413
----------------------------------------------------------------------
   motivation at G2 20.8737   2 10.4369  34.8570   0.0000 *** 0.4152
s x motivation at G2 14.9710  50   0.2994
----------------------------------------------------------------------
   motivation at G3  4.0308   2  2.0154   9.5474   0.0003 *** 0.1526
s x motivation at G3 10.9769  52   0.2111
----------------------------------------------------------------------
   motivation at G4 26.5499 1.71 15.5573  35.4197   0.0000 *** 0.4168
s x motivation at G4 22.4874 51.2   0.4392
----------------------------------------------------------------------
                 +p < .10, *p < .05, **p < .01, ***p < .001
```

Group 1 だけが動機付けの単純主効果が有意でありません。図 14.11 とも一致しますね。Group 1 の折れ線は、三種の動機づけを通じてほぼ横ばいです。

以下、それ以外の有意であった単純主効果についての多重比較です。

```
< MULTIPLE COMPARISON for "group at 外発" >

== Holm's Sequentially Rejective Bonferroni Procedure ==
== The factor < group at 外発 > is analysed as independent means. ==
== Alpha level is 0.05. ==


------------------------------------------------------------
 Pair    Diff  t-value  df       p   adj.p
------------------------------------------------------------
 G3-G4  1.0684  8.2471 121  0.0000  0.0000  G3 > G4 *
 G1-G4  0.9320  7.9571 121  0.0000  0.0000  G1 > G4 *
 G2-G4  0.6734  5.1460 121  0.0000  0.0000  G2 > G4 *
 G2-G3 -0.3949  2.9206 121  0.0042  0.0125  G2 < G3 *
```

```
G1-G2    0.2585    2.0956 121    0.0382    0.0764  G1 = G2
G1-G3   -0.1364    1.1181 121    0.2657    0.2657  G1 = G3
----------------------------------------------------------
```

　外発的動機付けでは、Group4 が他のグループに比して弱いようです。3.3
の by( ) の結果を統計的に裏付ける結果ですね。

< MULTIPLE COMPARISON for "group at 内発" >

== Holm's Sequentially Rejective Bonferroni Procedure ==
== The factor < group at 内発 > is analysed as independent means. ==
== Alpha level is 0.05. ==

```
----------------------------------------------------------
  Pair    Diff   t-value  df       p   adj.p
----------------------------------------------------------
  G2-G3  -1.8922    9.9803 121    0.0000    0.0000  G2 < G3 *
  G1-G2   1.4465    8.3622 121    0.0000    0.0000  G1 > G2 *
  G3-G4   1.0888    5.9942 121    0.0000    0.0000  G3 > G4 *
  G2-G4  -0.8034    4.3785 121    0.0000    0.0001  G2 < G4 *
  G1-G4   0.6431    3.9161 121    0.0001    0.0003  G1 > G4 *
  G1-G3  -0.4456    2.6059 121    0.0103    0.0103  G1 < G3 *
----------------------------------------------------------
```

　内発的動機付けでは、Group3 が他のグループに比して強いようです。

< MULTIPLE COMPARISON for "group at 同一化" >

== Holm's Sequentially Rejective Bonferroni Procedure ==
== The factor < group at 同一化 > is analysed as independent means. ==
== Alpha level is 0.05. ==

```
----------------------------------------------------------
  Pair    Diff   t-value  df       p   adj.p
----------------------------------------------------------
  G2-G3  -1.4266    9.1559 121    0.0000    0.0000  G2 < G3 *
  G2-G4  -1.0405    6.8998 121    0.0000    0.0000  G2 < G4 *
```

14

```
 G1-G3  -0.8918   6.3452 121  0.0000  0.0000  G1 < G3 *
 G1-G2   0.5348   3.7620 121  0.0003  0.0008  G1 > G2 *
 G1-G4  -0.5057   3.7466 121  0.0003  0.0008  G1 < G4 *
 G3-G4   0.3861   2.5866 121  0.0109  0.0109  G3 > G4 *
-----------------------------------------------------------
```

同一化調整では、Group3 が他のグループに比して強いようです。

```
< MULTIPLE COMPARISON for "motivation at G2" >

== Holm's Sequentially Rejective Bonferroni Procedure ==
== The factor < motivation at G2 > is analysed as dependent means. ==
== Alpha level is 0.05. ==


-----------------------------------------------------------------------
         Pair    Diff  t-value  df      p    adj.p
-----------------------------------------------------------------------
  外発-内発   1.2565   7.9362  25  0.0000  0.0000   外発 > 内発 *
 内発-同一化  -0.7700   4.9432  25  0.0000  0.0001  内発 < 同一化 *
 外発-同一化   0.4865   3.4608  25  0.0019  0.0019  外発 > 同一化 *
-----------------------------------------------------------------------
```

Group2 では、外発的＞同一化＞内発的の順に強いようです。

```
< MULTIPLE COMPARISON for "motivation at G3" >   #

== Holm's Sequentially Rejective Bonferroni Procedure ==
== The factor < motivation at G3 > is analysed as dependent means. ==
== Alpha level is 0.05. ==
-----------------------------------------------------------------------
         Pair    Diff  t-value  df      p    adj.p
-----------------------------------------------------------------------
 外発-同一化  -0.5452   4.5146  26  0.0001  0.0004  外発 < 同一化 *
 内発-同一化  -0.3044   2.7647  26  0.0103  0.0207  内発 < 同一化 *
  外発-内発   -0.2407   1.6938  26  0.1023  0.1023   外発 = 内発
-----------------------------------------------------------------------
```

Group3 では、内発的動機付けと外発的動機付けに差はありませんが、同一化調整が強いようです。図 14.11 からも読み取れます。

```
< MULTIPLE COMPARISON for "motivation at G4" >

== Holm's Sequentially Rejective Bonferroni Procedure ==
== The factor < motivation at G4 > is analysed as dependent means. ==
== Alpha level is 0.05. ==


-------------------------------------------------------------------
        Pair    Diff   t-value  df     p     adj.p
-------------------------------------------------------------------
外発-同一化  -1.2274  10.2148  30  0.0000  0.0000 外発 < 同一化 *
内発-同一化  -1.0071   6.1295  30  0.0000  0.0000 内発 < 同一化 *
   外発-内発  -0.2203   1.2492  30  0.2212  0.2212   外発 = 内発
-------------------------------------------------------------------
```

Group4 は他の二つの動機付けに比して同一化調整が強いようです。図 14.11 からも読み取れます。

3.4.5 ANOVA の結果と解釈

いったん結果をまとめましょう。

> グループと動機付け別得点を独立変数とする 2 要因混合分散分析を行った結果、グループ×動機付けの交互作用が有意であった（$F(6,374) = 21.71$, $p < .001$, $\eta^2 = 0.164$）。そこで、単純主効果検定を行った結果、Group1 における動機付けの単純主効果（$F(2,80) = 0.257$）を除くと単純主効果はすべて有意であった。
>
> それぞれについて多重比較（Holm の方法）を行った結果、Group3 が内発的動機付けおよび同一化調整においては他のグループに比して有意に高かった（$p < .001$）。外発的動機付けでは Group4 が他のグループに比して有意に低かった（$p < .001$）。以上から、Group3 は内発的動機付け・同一化調整が強いグループ、Group4 は外発的動機付けが弱いグループと特徴付けられた。

14

　一方、Group2 では、外発的動機付けが他の動機付けに比して有意に高く、
($p < .001$)、Group3 では同一化調整が外発的動機付け（$p < .001$）と
内発的動機付け（$p = .02$）に比して有意に高かった。また、Group4 では
同一化調整が外発的動機付け（$p < .001$）と内発的動機付け（$p < .001$）
に比して有意に高かった。Group1 では有意な差はなかった。

　以上から各グループを以下のように特徴付けた。Group1（$n = 41$）は
3 種類の動機付けに同程度の強さで促されて大学進学を決めている「バラ
ンス型」、Group2（$n = 26$）は外発的動機が強い「外発型」、Group3（$n = 27$）
は「同一化調整型」、Group4（$n = 31$）は「自己決定型」（「非外発型」）
とした。

3.5　ヒートマップ

　最後に、heatmap() を用いて上記 ANOVA の分析結果を可視化します。
ここでもう一度、takahashi_2retsuname.csv（図 14.1）に戻ります。

```
> dat = read.csv("takahashi_2retsuname.csv", fileEncoding="shift-jis")
> dat = as.matrix(dat) # datに代入したファイルをas.matrix()を用いて行
列に変換します。
> class(dat) # 行列に変換したことをclass()で確認します。
[1] "matrix" "array"
```

　heatmap() を用いて行列型に変換したデータフレーム（dat）を第一引数と
して描画します。引数の cexCol は列ラベル（質問項目）のフォントサイズを、
hclustfun でクラスターの作成方法（ここでは Ward 法）を指定します。

```
> heatmap(dat, cexCol=0.7, hclustfun=function(x){hclust(x,
method="ward.D2")})
```

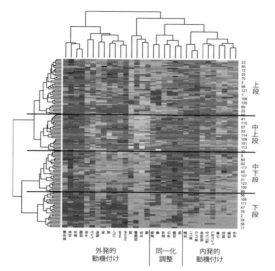

図 14.12　ヒートマップ：縦右列の数字は回答者の id

　図 14.12 の横軸下は各質問項目を示し、縦軸は回答者を示しています。横軸は概ね左側から「高卒嫌」〜「親」までの 14 項目が外発的動機付け（ただし「将来」と「院」の 2 項目は同一化調整）、「資格」〜「特」までの 6 項目が同一化調整、「友達」〜「好き」までの 10 項目が内発的動機付け（ただし「レベル合う」は同一化調整）と分けられます。縦軸は左側に回答者のデンドログラム、右側に回答者の id です。マップ全体を縦にみると、上段、中上段、中下段、下段で色の濃淡が異なります。色が濃い箇所は点数が高く動機付けが強いことを示し、色が薄い箇所は点数が低く動機付けが弱いことを示します。

　上段グループは色の濃淡の差が少ないのがわかります。つまり、どの動機付けも同程度のグループです。したがって、このグループは 3 種の動機付けに有意な差が見られない「バランス型」の Group1 であると思われます。中上段グループも同様の傾向が見られますが、上段グループと異なるのは、同一化調整が上段のグループよりもやや濃く見え、外発的動機付けと内発的動機は同程度に見える点です。したがって、中上段グループは「同一化調整型」の Group3 と考えられます。中下段グループは外発的動機付けの色が淡い

14

一方で、図真ん中〜右側にかけて同一化調整が濃くなってくるのがわかります。したがって、このグループは「自己決定型」の Group4 と考えられます。下段グループは外発的動機付けが同一化・内発的動機付けよりも色が濃いことが明らかなので「外発型」の Group2 と考えられます。

4 結果の書き方

結果をまとめましょう。

　本研究の目的は大学進学者を動機付け理論の枠組みを使って類型化することにあった。永作・新井 (2003) を大学生用に改訂し、32 項目から成るアンケート用紙を作成し、125 名の大学生が 5 件法（1 〜 5）で回答した。そして、回答データに Ward 法を用いたクラスター分析を行い、デンドログラムから回答者を四つのグループに分けた。

　グループ四つと動機付け 3 種を独立変数とし、回答者の平均値を従属変数とする 2 要因混合分散分析を行った。その結果交互作用が有意であり（$F(6,374) = 21.71, p < .001, \eta^2 = .164$）、単純主効果の多重比較（Holm の方法）を行った結果、各グループを次のように特徴付けた。

　グループ 1（$n = 41$）は 3 種類の進学動機に同程度に促されて入学した「バランス型」、第 2 グループ（$n = 26$）は外発的動機づけが強い「外発型」、グループ 3（$n = 27$）は「同一化調整型」、第 4 グループ（$n = 31$）は外発的動機が弱い「自己決定型」とした。

5 まとめ

　本章では、大学生 125 名を大学への進学理由から類型化することを試みました。その結果、「皆が行くから」「親（保護者）が行けと言ったから」に代表される外発的動機づけを主たる理由として大学に行くことを選んだ学生が意外に少ない（$n = 26$, 20.8%）ことに安堵を覚えました。8 割近い学生たちが、大学でさらに自己の可能性や潜在能力を掘り起こしたいとする内発的で前向きな気持ちを抱いて進学していることを知り、大学教員の一人とし

て責任の重さを感じる結果となりました。

6 便利な関数

```
str(dat) # データ構造の確認
class(dat) # データ形式の確認
dim(dat) # 行列数の確認
dat = as.matrix(dat) # 行列に変換
by(dat$x, dat$y, describe) # 従属変数xのy別（層別）基礎統計量
```

7 類題

　Chapter 13の類題（「教室内での外国語学習不安」）では質問項目を因子分析してグループ化をしました。ここでは、回答者（学習者）をクラスター分析してグループ化してみましょう。そして、グループごとに教室内で感じる外国語学習不安にどのような違いがあるのか調べてみましょう。

 flca10.csv

参考文献

JACET SLA 研究会 (2013). 『第2言語習得と英語科教育法』開拓社

Ryan, R.M., & Deci, E.L. (2000). Intrinsic and extrinsic motivations: Classic definitions and new directions. *Contemporary Educational Psychology, 25,* 54–67.

永作稔・新井邦二郎(2003). 「自律的高校進学動機尺度作成の試み」『筑波大学心理研究』*26*, 175–182.

高橋沙也夏 (2022). 「大学への進学動機によって学校生活の受け止め方は変わるか」法政大学理工学部創生科学科卒業論文

14

類題解答・解説

```
> dat = read.csv(file.choose()) # rl.csvを選択
> attach(dat)
> summary(dat)
> par(mfrow=c(1, 2)) # 1行2列
> hist(L, breaks=seq(0, 490, 10), col="lightblue", border="blue",
right=FALSE, ylim=c(0, 70)) # ヒストグラム
> hist(R, breaks=seq(0, 490, 10), col="lightblue", border="blue",
right=FALSE, ylim=c(0, 70))
> par(mfrow=c(1, 1))
> boxplot(L, R, names=c("L", "R"), col="lightblue") # 箱ひげ図
> plot(L, R, ylim=c(0, 490), xlim=c(0, 490), abline(a=0, b=1, lty=3),
col="blue") # 散布図。lty=3はdotted line
```

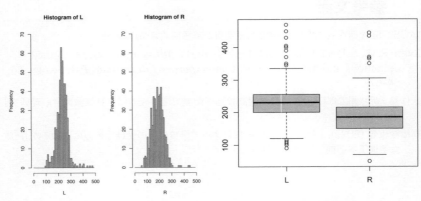

図1　ヒストグラム　　　　　　　　図2　箱ひげ図

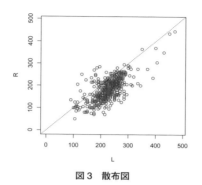

図3 散布図

## Chapter 2

問1

好きなスポーツ・・・名義尺度　　1週間の平均睡眠時間・・・比率尺度

最終学歴・・・・・・名義尺度　　東京の年間降水量・・・・・比率尺度

桜の平均開花日・・・順序尺度

問2

```
> (40 - 48.7) / 16.3 # 標準化
[1] -0.5337423
> ((40 - 48.7) / 16.3) * 10 + 50 # 偏差値
[1] 44.66258
> z=-0.5337423 # この分布が正規分布に従うとすると
> pnorm(z, lower. tail=FALSE)
[1] 0.7032401
> 0.7032401  *  200
[1] 140.648
```

以上より、40秒以上息を止めていられた人は200人中140人と推定できます。

Chapter 3

1 記述統計と可視化

```
> dat = read.csv(file.choose()) # B_premid_100.csvを選択
```

```
> attach(dat)
> head(dat)
  B_pre B_mid
1    76    79
2    44    53
3    81    95
4    69    75
5    67    68
6    47    66
> par(mfrow=c(1, 2)) # 1行2列
> hist(B_pre, breaks=seq(30, 495, 30), right=FALSE)
> hist(B_mid, breaks=seq(30, 495, 30), right=FALSE)
> boxplot(B_pre, B_mid, main="英語の試験", names=c("B_pre", "B_mid"),
xlab="test", ylab="score(full=100)")
```

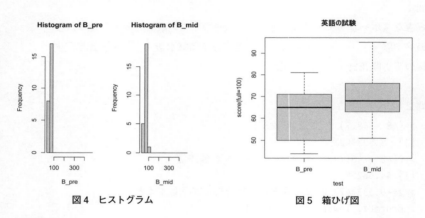

図4　ヒストグラム　　　　　　　　図5　箱ひげ図

2　正規性の検定

t 検定実施のため、正規性の検定を行います。

● 尖度・歪度

```
> library(psych)
> describe(dat)
      vars  n  mean    sd median trimmed   mad min max range  skew kurtosis   se
B_pre    1 25 62.68 11.10     65   62.76 13.34  44  81    37 -0.24    -1.36 2.22
B_mid    2 25 69.28 11.17     68   68.86 11.86  51  95    44  0.18    -0.59 2.23
```

● Spapiro-Wilk 検定

```
> vx = (dat[, 1])
> shapiro.test(x=vx)
        Shapiro-Wilk normality test
data:  vx
W = 0.92872, p-value = 0.08121
> vy = (dat[, 2])
> shapiro.test(x=vy)
        Shapiro-Wilk normality test
data:  vy
W = 0.96661, p-value = 0.561
```

● QQ プロット

省略。

3　t 検定

帰無仮説「6 月のテストの平均値と 9 月のテストの平均値には母集団において
差がない」

```
> t.test(B_pre, B_mid, paired=TRUE)
        Paired t-test
data:  B_pre and B_mid
t = -3.4737, df = 24, p-value = 0.001966
alternative hypothesis: true mean difference is not equal to 0
95 percent confidence interval:
 -10.521407  -2.678593
sample estimates:
mean difference
          -6.6
```

　p-value = 0.001966 より、帰無仮説を棄却できます。また、95% 信頼区間
（−10.52 ～ −2.68）も 0 をまたいでいません。
　よって、5% 水準で 6 月と 9 月のテストの平均値には有意な差があります。3 か
月で英語の力は向上したと思われます。

4　効果量

```
> ES = (69.28 - 62.68) / ((11.10 + 11.17) / 2)
> ES
[1] 0.5927256
```

効果は中程度です。

5　結果

　あるクラスの英語の実力が6月から9月にかけて伸びたかどうかを調査した。その結果、6月のテストと9月のテストの平均点（sd）はそれぞれ、62.68 (11.10) と 69.28 (11.17) であった。分布の正規性をヒストグラム、尖度・歪度、Shapiro-Wilk 検定で調べた結果、正規性を大きく逸脱していないと判断し、「対応のある t 検定」を行った。その結果、t (24) $= -3.47$, $p < .002$, $d = .59$, 95% CI $[-10.52, -2.68]$ で、5%水準で6月と9月のテストの平均点には有意な差があることが示された。効果量も中程度あり、クラスの英語力は伸びたといえる。

Chapter 4

研究課題：音楽経験の有無で音楽能力の下位能力に有意な差があるかどうか。

```
> dat = read.csv("abe3.csv", fileEncoding="shift-jis")
> attach(dat)
```

1　記述統計

```
> by(dat[, 2:7], dat[, 1], describe)
dat[, 1]: 0
```

	vars	n	mean	sd	median	trimmed	mad	min	max
無し音高	1	16	15.50	2.48	15	15.57	2.97	11	19
無し強度	2	16	20.00	2.97	21	20.14	1.48	14	24
無しリズム	3	16	13.75	1.39	14	13.79	1.48	11	16
無し長短	4	16	12.75	2.82	12	12.71	2.97	9	17
無し記憶	5	16	11.25	3.00	12	11.29	2.22	6	16
無し合計	6	16	73.25	6.21	75	73.50	7.41	63	80

```
          range  skew kurtosis   se
無し音高      8 -0.17    -1.28 0.62
無し強度     10 -0.73    -0.85 0.74
無しリズム    5 -0.56    -0.47 0.35
無し長短      8  0.39    -1.49 0.70
無し記憶     10 -0.50    -1.03 0.75
無し合計     17 -0.43    -1.47 1.55
> by(dat[, 10:15], dat[, 9], describe)
dat[, 9]: 1
          vars n  mean   sd median trimmed  mad min max
有り音高      1 4 19.75 3.69   20.0   19.75 2.97  15  24
有り強度      2 4 22.25 1.26   22.0   22.25 0.74  21  24
有りリズム    3 4 15.75 0.50   16.0   15.75 0.00  15  16
有り長短      4 4 17.75 0.96   17.5   17.75 0.74  17  19
有り記憶      5 4 13.00 2.45   12.5   13.00 2.22  11  16
有り合計      6 4 88.50 6.61   88.0   88.50 5.93  81  97
          range  skew kurtosis   se
有り音高      9 -0.15    -1.87 1.84
有り強度      3  0.42    -1.82 0.63
有りリズム    1 -0.75    -1.69 0.25
有り長短      2  0.32    -2.08 0.48
有り記憶      5  0.20    -2.21 1.22
有り合計     16  0.16    -1.90 3.30
```

2 下位能力ごとの検定

2.1 音高

2.1.1 正規性

```
> shapiro.test(x=dat[, 2])
        Shapiro-Wilk normality test
data:  dat[, 2]
W = 0.94662, p-value = 0.4381
> shapiro.test(x=dat[, 10])
        Shapiro-Wilk normality test
data:  dat[, 10]
W = 0.93887, p-value = 0.6474
```

2.1.2 等分散

```
> var.test(無し音高, 有り音高)
        F test to compare two variances
data:  無し音高 and 有り音高
F = 0.45153, num df = 15, denom df = 3, p-value =0.2573
alternative hypothesis: true ratio of variances is not equal to 1
95 percent confidence interval:
 0.03168055 1.87513114
sample estimates:
ratio of variances
        0.4515337
```

2.1.3 t検定と効果量

帰無仮説「音楽経験の有無によって、音高識別能力テストの母集団の平均値に差はない」

```
> t.test(dat[, 2], dat[10], paired=FALSE, var.equal=TRUE)
        Two Sample t-test
data:  dat[, 2] and dat[10]
t = -2.7995, df = 18, p-value = 0.01185
alternative hypothesis: true difference in means is not equal to 0
95 percent confidence interval:
 -7.439451 -1.060549
sample estimates:
mean of x mean of y
    15.50     19.75
```

効果量は $r=\sqrt{\dfrac{t^2}{t^2+df}}$ より、0.5507541。効果量は大です。

音高能力テストの結果を等分散を仮定した「対応のない t 検定」を行ったところ、音楽経験有と無しの 2 群間には 5 ％水準で有意な差がありました（$t(18)=-2.80$, $p=0.01185$, $r=.55$, 95％CI $[-7.44, -1.06]$）。効果量が大きかった（$r=.55$）点もあわせて考えると、音楽経験の有無は音高識別能力に影響を与えるといえます。つまり、音楽経験があった方が音高識別能力は向上する傾向にあるようです。ただ、対応のないデータの場合は、本編でも述べたように、等分散の検定を経ずに Welch の t 検定を勧める向きもあります。そこで、以下では Welch の t 検定

を行います。

2.1.4　Welch の t 検定

```
> t.test(dat[, 2], dat[, 10], paired=FALSE)
        Welch Two Sample t-test
 data:  dat[, 2] and dat[, 10]
 t = -2.1862, df = 3.7061, p-value = 0.09948
 alternative hypothesis: true difference in means is not equal to 0
 95 percent confidence interval:
  -9.820511  1.320511
 sample estimates:
 mean of x mean of y
     15.50     19.75
```

効果量は

```
> r = sqrt(2.186 ^ 2 / (2.186 ^ 2 + 3.7061))
> r
[1] 0.7504677
```

Welch の t 検定ですと有意傾向（$p = .10$）に留まり 95% 信頼区間（$-9.82 \sim 1.32$）も 0 をまたいでいます。すなわち、音楽経験の有無によって声高識別能力は変わらないという、t 検定とは異なる結果です。しかし、t 検定、Welch の t 検定ともに効果量が大きい——実質的な差が大きい——ことを考慮すると、音楽経験があることで声高識別能力は向上する傾向にあるという結論としました。

2.2　リズム能力
2.2.1　正規性

```
> shapiro.test(x=dat[, 4])
        Shapiro-Wilk normality test
 data:  dat[, 4]
 W = 0.90633, p-value = 0.1016
> shapiro.test(x=dat[, 12])
        Shapiro-Wilk normality test
 data:  dat[, 12]
```

```
W = 0.62978, p-value = 0.001241
```

2.2.2 等分散

```
> var.test(無しリズム, 有りリズム)
        F test to compare two variances
data:  無しリズム and 有りリズム
F = 7.7333, num df = 15, denom df = 3, p-value = 0.1176
alternative hypothesis: true ratio of variances is not equal to 1
95 percent confidence interval:
  0.5425868 32.1150178
sample estimates:
ratio of variances
        7.733333
```

2.2.3 検定と効果量

「有りリズム」において正規性を満たさず、同順位も多いので、正確ウィルコクソン検定（Chapter 5）を行います。

帰無仮説「音楽経験の有無によってリズム能力テストの母集団の中央値に差はない」

```
> library(coin)
> wilcox.exact(dat[, 4],dat[, 12]) # wilcox.test(無しリズム, 有りリズム)ではエラーが出ます
        Exact Wilcoxon rank sum test
data:  dat[, 4] and dat[, 12]
W = 4.5, p-value = 0.005573
alternative hypothesis: true mu is not equal to 0
```

効果量は

```
> z = qnorm(1 - 0.005573)
> z
[1] 2.538088
> z / sqrt(20)
[1] 0.5675337
```

正確ウィルコクソン検定（中央値の検定）を行ったところ、音楽経験有りと無しの2群間には1%水準で有意な差が見られました（$W = 4.5$, $p < .05$, $r = .57$）。効果量が大きかった（$r = .57$）点をあわせて考えると、音楽経験の有無はリズム能力に影響を与えるといえるでしょう。つまり、音楽経験があった方がリズム能力は向上する傾向にあるといえます。

3　考察

　音楽経験があると音の高低を聞き取る力とリズム能力は向上するようです。これは、我々の経験にも一致する気がしませんか。他の三つの下位能力についても同様に調べてみると面白いのではないでしょうか。

Chapter 5

1　記述統計

```
> summary(dat)
       A               B
 Min.   :  0    Min.   :  0.0
 1st Qu.:175    1st Qu.: 37.5
 Median :250    Median :100.0
 Mean   :275    Mean   :118.8
 3rd Qu.:425    3rd Qu.:100.0
 Max.   :500    Max.   :500.0
```

2　検定

帰無仮説「二つの母集団（条件）の中央値に差がない」

```
> wilcox.test(A, B)
        Wilcoxon rank sum test with continuity correction
data:  A and B
W = 49, p-value = 0.07656
alternative hypothesis: true location shift is not equal to 0
警告メッセージ:
wilcox.test.default(A, B) で:
   タイがあるため、正確な p 値を計算することができません。
```

そこで、正確ウィルコクソン検定に切り替えます。

```
> wilcox.exact(A, B) # 先にlibrary(coin)でcoinパッケージを読み込む必要
があります
        Exact Wilcoxon rank sum test
data:  A and B
W = 49, p-value = 0.07273
alternative hypothesis: true mu is not equal to 0
```

p-value = 0.07273 ですので有意傾向です。
効果量は

```
> z = qnorm(1 - 0.07273)
> z
[1] 1.455756
> z / sqrt(16)
[1] 0.3639391
```

3　考察

帰無仮説「2 条件の母集団の分布（中央値）に差はない」が正しいときに、$w = 49$ よりも大きな検定統計量が得られる確率は 7.3%（$p = .073$）です。よって帰無仮説は 5%水準では棄却できず、A 高校と B 高校で素振りの回数に有意な差がなかったことになります。効果量も $r = 0.36$ で中程度に留まっています。

4　結論

「A 高校と B 高校の剣道部員の日常的な素振りの回数に有意な差があるか」を両校の部員それぞれ 8 名を対象に調査した。外れ値が多く同順位が多かったため正確ウィルコクソン検定を行った。その結果、二つの高校間で素振りの回数に有意な差は認められなかった（$w = 49, p < .05$）。

Chapter 6

問 1

```
> dat = read.csv("proof_tsukamoto2.csv")
```

```
> attach(dat)
> library(psych)
> pairs.panels(dat[, 1:3], ellipse=FALSE, stars=TRUE)
```

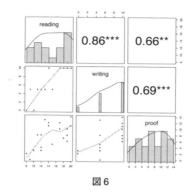

図6

　いずれかの相関も有意でしたが（$p < .05$）、特に読解力（reading）と表現力（writing）の相関が高い（$r = .86$）のが目につきます。

問2

```
> dat = read.csv("trlk32.csv")
> attach(dat)
> library(psych)
> pairs.panels(dat[, 1:4], ellipse=FALSE, stars=TRUE)
```

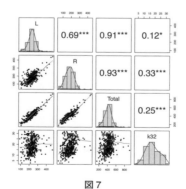

図7

文法力（5 文型の構造認識力）はL（リスニング）よりも（$r = .12$）R（リーディング）との方が相関が高くなりました（$r = .33$）。

Chapter 7

1 可視化

```
> mat = matrix(c(7, 9, 5, 28), ncol=2, byrow=TRUE)
> mat
     [,1] [,2]
[1,]    7    9
[2,]    5   28
> rownames(mat) = c("男子", "女子")
> mat
     [,1] [,2]
男子     7    9
女子     5   28
> colnames(mat) = c("事実確認する", "事実確認しない")
> mat
     事実確認する 事実確認しない
男子           7             9
女子           5            28
> mosaicplot(mat, main="フェイクニュースへの反応", col="orange")
```

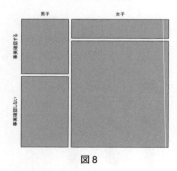

図8

2 オッズ比

```
> library(vcd)
```

```
> oddsratio(mat,log=FALSE)
 odds ratios for and
[1] 4.355556
> confint(oddsratio(mat,log=FALSE))
                                                   2.5 %     97.5 %
男子:女子/事実確認する:事実確認しない      1.105085 17.16689
```

オッズ比の 95% 信頼区間が 1.11 〜 17.17 で 1 をまたいでいないことから、男女で事実確認をする傾向に有意な差がありました。

3 検定

```
> fisher.test(mat)
        Fisher's Exact Test for Count Data
data:  mat
p-value = 0.03971
alternative hypothesis: true odds ratio is not equal to 1
95 percent confidence interval:
  0.8987769 21.6270534
sample estimates:
odds ratio
   4.20586
```

男子高校生と女子高校生とでは事実確認をする割合に有意な差がありました（$p = .040$, 95% CI [0.90, 21.63], オッズ比 4.36）。男子が女子に比べて事実確認をする傾向が強いことが示されました。

Chapter 8

1 データの読み込みとクロス集計表

```
> dat = read.csv("niku_160.csv")
> table(dat)
   parts
sex  1  2  3  4
  1 22 36  4  8
  2 26 16 40  8
> mat = matrix(c(22, 36, 4, 8, 26, 16, 40, 8), ncol=4, byrow=TRUE)
```

```
       [,1] [,2] [,3] [,4]
[1,]   22   36    4    8
[2,]   26   16   40    8
> rownames(mat) = c("男", "女")
> colnames(mat) = c("胸筋", "腹筋", "上腕筋", "臀背筋")
> mat
      胸筋   腹筋   上腕筋      臀背筋
男    22     36      4           8
女    26     16     40           8
```

2　可視化

```
> mosaicplot(mat, main="筋肉と男女", col="green")
```

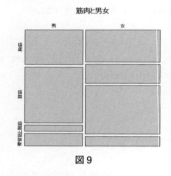

図 9

3　連関係数

```
> library(vcd)
> v = assocstats(mat)
> v
                    X^2 df    P(> X^2)
Likelihood Ratio 39.910  3 1.1132e-08
Pearson          35.535  3 9.3884e-08

Phi-Coefficient    : NA
Contingency Coeff.: 0.426
Cramer's V         : 0.471
```

4　検定

```
> chisq.test(mat)
```

```
Pearson's Chi-squared test
data:  mat
X-squared = 35.535, df = 3, p-value = 9.388e-08
> curve(dchisq(x, 3), -5, 40, xlab="x2", main="自由度3のカイ２乗分布")
> abline(v=35.535)
```

自由度3のカイ自乗分布

図 10

5　残差分析

```
> output = chisq.test(mat)
> options(digits=3)
> output$expected
```
　　胸筋　腹筋　上腕筋　臀背筋 # 臀背筋は臀筋と背筋の両方を表しています。
```
男　21 22.8   19.2      7
女　27 29.2   24.8      9
> options(digits=3)
> output$residuals
```
　　　胸筋　　腹筋　　上腕筋　　臀背筋
```
男　0.218   2.78   -3.48    0.378
女 -0.192  -2.45    3.07   -0.333
> mosaicplot(mat, main="筋肉と男女", shade=TRUE)
```

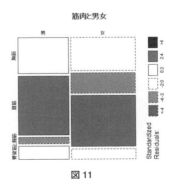

筋肉と男女

図 11

6 結果

　残差分析から、男子学生が腹筋を鍛えることに注力し、上腕筋には意識が向いていない一方で、女子学生は男子学生の腹筋よりは上腕筋を見てしまう傾向にあることがわかりました（腹筋は服の上からは見えないですからね）。

Chapter 9

　省略。

Chapter 10

1　データの読み込みと確認

```
> dat = read.csv("bunnri3_sato.csv", fileEncoding="shift-jis")
> attach(dat)
> View(dat)
```

　ANOVA 君の読み出し方は chapter 10 の 3.3.1 を参照してください。呼び出したら以下のコマンドを打ちます。

2　ANOVA

```
> anovakun(dat[, -1], "sA", 3, auto=TRUE, holm=TRUE, eta=TRUE)

[ sA-Type Design ]
This output was generated by anovakun 4.8.6 under R version 4.1.2.
It was executed on Mon Oct 24 11:43:03 2022.

<< DESCRIPTIVE STATISTICS >>
---------------------------
  A   n    Mean    S.D.
---------------------------
 31  95  4.9684  0.9162   # 31 字
 32  95  4.2842  1.3101   # 32 色
 33  95  4.5895  1.2923   # 33 図
---------------------------
```

```
<< SPHERICITY INDICES >>

== Mendoza's Multisample Sphericity Test and Epsilons ==


-----------------------------------------------------------------------
Effect  Lambda  approx.Chi  df      p        LB      GG      HF      CM
-----------------------------------------------------------------------
    A   0.0015    12.9211    2   0.0016 **  0.5000  0.8852  0.9009  0.8997
-----------------------------------------------------------------------
LB = lower.bound, GG = Greenhouse-Geisser, HF = Huynh-Feldt-Lecoutre, CM = Chi-Muller

<< ANOVA TABLE >>
== Adjusted by Greenhouse-Geisser's Epsilon for Suggested Violation ==


------------------------------------------------------------------
Source        SS       df       MS   F-ratio   p-value       eta^2
------------------------------------------------------------------
    s   182.2105      94    1.9384
------------------------------------------------------------------
    A    22.3228    1.77   12.6092   9.7593    0.0002 ***   0.0532
  s x A  215.0105  166.41    1.2920
------------------------------------------------------------------
  Total 419.5439     284    1.4773
                  +p < .10, *p < .05, **p < .01, ***p < .001
```

3 多重比較

```
<< POST ANALYSES >>
< MULTIPLE COMPARISON for "A" >

== Holm's Sequentially Rejective Bonferroni Procedure ==
== The factor < A > is analysed as dependent means. ==
== Alpha level is 0.05. ==


--------------------------
  A    n    Mean    S.D.
--------------------------
 31   95   4.9684   0.9162
 32   95   4.2842   1.3101
```

```
 33   95  4.5895  1.2923
 ---------------------------

 ------------------------------------------------------------
  Pair    Diff   t-value  df        p   adj.p
 ------------------------------------------------------------
  31-32  0.6842   4.9513  94  0.0000  0.0000  31 > 32 *
  31-33  0.3789   2.6518  94  0.0094  0.0188  31 > 33 *
  32-33 -0.3053   1.6877  94  0.0948  0.0948  32 = 33
 ------------------------------------------------------------
 output is over --------------------///
```

以上から、字（31）、色使い（32）、図表（33）の中では、字が大学生に重要視されていることが示されました（$p < .05$）。

Chapter 11

1 データの読み込みと確認

```
> dat4 = read.csv("omori_7_anovakun_2factor2.csv",
fileEncoding="shift-jis")
> attach(dat4)
> View(dat4)
```

2 ANOVA

R Console の「ファイル」→「R コードのソースを読み込み ...」で ANOVA 君（本書では anovakun_486.txt）を読み込む。

```
> source("C:\\R\\anovakun_486.txt") # この場所とanovakunのバージョン
（_486）は読者によって異なります。
> anovakun(dat4, "AsB", sex=c("f", "m"), time=c("小学生", "中学生", "
高校生"), auto=TRUE, holm=TRUE, eta=TRUE) # Chapter 10と異なり、水準名
をc( )に入れてアウトプットを読み取りやすくします。

[ AsB-Type Design ]

This output was generated by anovakun 4.8.6 under R version 4.2.2.
It was executed on Wed May  3 07:40:38 2023.
```

表1 記述統計量

```
<< DESCRIPTIVE STATISTICS >>
-----------------------------------
 sex   time   n    Mean    S.D.
-----------------------------------
   f 小学生 141   4.2199  1.1532
   f 中学生 141   4.1418  1.2046
   f 高校生 141   3.6170  1.1317
   m 小学生 116   4.6638  1.2714
   m 中学生 116   4.5862  1.2376
   m 高校生 116   3.9310  1.4125
-----------------------------------
```

平均値（Mean）から男子（m）のほうが女子（f）よりも小中高で理科好きが多いようですね。

```
<< SPHERICITY INDICES >> # 球面性検定です。

== Mendoza's Multisample Sphericity Test and Epsilons ==

----------------------------------------------------------------------------
Effect  Lambda  approx.Chi  df      p       LB     GG     HF     CM
----------------------------------------------------------------------------
  time  0.0000    38.3609   5 0.0000 *** 0.5000 0.8863 0.8920 0.8919
----------------------------------------------------------------------------
                       LB = lower.bound, GG = Greenhouse-Geisser
                       HF = Huynh-Feldt-Lecoutre, CM = Chi-Muller


<< ANOVA TABLE >>

== Adjusted by Greenhouse-Geisser's Epsilon for Suggested Violation ==
== This data is UNBALANCED!! ==
== Type III SS is applied. ==

----------------------------------------------------------------------------
        Source       SS    df     MS  F-ratio  p-value      eta^2
----------------------------------------------------------------------------
```

```
          sex    30.6659       1     30.6659  10.5193    0.0013 **   0.0243
        s x sex  743.3781     255      2.9152
-----------------------------------------------------------------------------
          time    67.8936    1.77   38.3021   41.5413    0.0000 ***  0.0539
      sex x time   0.7185    1.77    0.4054    0.4396    0.6205 ns   0.0006
  s x sex x time  416.7627  452.01   0.9220
-----------------------------------------------------------------------------
         Total  1258.7108     770      1.6347
                              +p < .10, *p < .05, **p < .01, ***p < .001
```

　交互作用（学齢×性別）は有意ではありませんでした（$F(1.77, 770) = .44$）。
sex（性別）の主効果は有意（$F(1, 770) = 10.52$, $p = .0013$, $\eta^2 = .0243$）です。
そして表1から男子のほうが女子よりも理科好きが多いということがわかります。
このことが実証されたのは意義が大きいと思われます。

主効果（学齢期）の多重比較
```
< MULTIPLE COMPARISON for "time" >

== Holm's Sequentially Rejective Bonferroni Procedure ==
== The factor < time > is analysed as dependent means. ==
== Alpha level is 0.05. ==


-------------------------------
   time    n   Mean    S.D.
-------------------------------
小学生   257  4.4418  1.2257
中学生   257  4.3640  1.2372
高校生   257  3.7740  1.2733
-------------------------------


-----------------------------------------------------------------------------
         Pair    Diff  t-value  df      p    adj.p
-----------------------------------------------------------------------------
中学生-高校生  0.5900  8.6591 255  0.0000  0.0000 中学生 > 高校生 *
小学生-高校生  0.6678  7.2126 255  0.0000  0.0000 小学生 > 高校生 *
小学生-中学生  0.0778  1.0006 255  0.3180  0.3180 小学生 = 中学生
-----------------------------------------------------------------------------
```

```
output is over --------------------///
```

学齢期の主効果は 1 要因分散分析（Chapter 10）の結果と同じになります。た
だし、性別に記載のなかった 10 人は分析対象者から除いてあるので、Chapter
10 の表 10.4 とは数値が異なっています。

3　結論

　理科嫌いに関しては学齢と性別に交互作用はありませんでした。そのことを可視
化して確認します。2 本のグラフが交わらないで平行であることが、交互作用がな
いことを示唆します（平行に見えれば交互作用がないということではありません）。

```
> library(reshape)
> dat5 = melt(dat4, id="sex") # melt( )を使って、wide dataをlong data
に変換します。
> interaction.plot(dat5$variable, dat5$sex, dat5$value, type="b",
pch=c(1, 2), xlab="学齢", ylab="score", bty="l") # trace.levelは不要。
bty="l"は上と右枠を外す
```

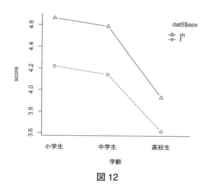

図 12

Chapter 12

1　データを読み出し確認する

```
> dat = read.csv("online_face_id.csv", fileEncoding="shift-jis")
> attach(dat)
> View(dat)
```

2 強制投入法

```
> y = dat[, 3:9]
> lm.result = lm(dat[, 2] ~ ., data=y)
> lm.result

Call:
lm(formula = dat[, 2] ~ ., data = y)

Coefficients:
      (Intercept)  コミュニケーション              理解          集中
課題
           0.7939             0.3573           0.2277        0.1093
0.250
            通信環境              貸与PC             時間
           -0.0578            -0.1113           0.1912
> summary(lm.result)

Call:
lm(formula = dat[, 2] ~ ., data = y)

Residuals:
    Min      1Q  Median      3Q     Max
-2.8822 -0.5847 -0.1019  0.5626  2.7737

Coefficients:
                   Estimate Std. Error t value Pr(>|t|)
(Intercept)          0.7939     0.8408   0.944   0.3502
コミュニケーション    0.3573     0.1542   2.317   0.0252 *
理解                 0.2277     0.1866   1.220   0.2289
集中                 0.1093     0.1632   0.670   0.5065
課題                 0.2500     0.1667   1.500   0.1408
通信環境             -0.0578     0.1334  -0.433   0.6668
貸与PC               -0.1113     0.1148  -0.970   0.3374
時間                 0.1912     0.1438   1.330   0.1905
---
Signif. codes:  0 '***' 0.001 '**' 0.01 '*' 0.05 '.' 0.1 ' ' 1

Residual standard error: 1.193 on 44 degrees of freedom
```

Multiple R-squared: 0.4901, **Adjusted R-squared: 0.409**
F-statistic: 6.042 on 7 and 44 DF, p-value: 5.708e-05

3 AIC 法

```
> library(MASS)
> stepre = step(lm.result)
Start:  AIC=25.67
dat[, 2] ~ コミュニケーション + 理解 + 集中 + 課題 +
    通信環境 + 貸与PC + 時間
```

	Df	Sum of Sq	RSS	AIC
- 通信環境	1	0.2674	62.893	23.890
- 集中	1	0.6384	63.264	24.196
- 貸与PC	1	1.3388	63.965	24.768
- 理解	1	2.1191	64.745	25.399
<none>			62.626	25.669
- 時間	1	2.5162	65.142	25.717
- 課題	1	3.2011	65.827	26.261
- コミュニケーション	1	7.6381	70.264	29.653

```
Step:  AIC=23.89
dat[, 2] ~ コミュニケーション + 理解 + 集中 + 課題 +
    貸与PC + 時間
```

	Df	Sum of Sq	RSS	AIC
- 集中	1	0.6212	63.514	22.401
- 貸与PC	1	1.2726	64.166	22.932
- 理解	1	1.8928	64.786	23.432
- 時間	1	2.2861	65.179	23.747
<none>			62.893	23.890
- 課題	1	3.1267	66.020	24.413
- コミュニケーション	1	7.9181	70.811	28.056

```
Step:  AIC=22.4
dat[, 2] ~ コミュニケーション + 理解 + 課題 + 貸与PC +
    時間
```

	Df	Sum of Sq	RSS	AIC

```
- 貸与PC                    1    1.3738 64.888 21.514
<none>                            63.514 22.401
- 理解                      1    2.5560 66.070 22.453
- 時間                      1    2.7660 66.280 22.618
- 課題                      1    5.2697 68.784 24.546
- コミュニケーション         1    9.4487 72.963 27.613


Step:  AIC=21.51
dat[, 2] ~ コミュニケーション + 理解 + 課題 + 時間


                    Df Sum of Sq    RSS    AIC
- 時間                      1    2.5102 67.398 21.488
<none>                            64.888 21.514
- 理解                      1    2.9806 67.869 21.849
- 課題                      1    4.7349 69.623 23.176
- コミュニケーション         1    8.3362 73.224 25.799
```

Step: AIC=21.49
```
dat[, 2] ~ コミュニケーション + 理解 + 課題


                    Df Sum of Sq    RSS    AIC
<none>                            67.398 21.488
- 課題                      1    4.2985 71.697 22.703
- 理解                      1    5.0943 72.493 23.276
- コミュニケーション         1    9.3191 76.717 26.222
> summary(stepre)


Call:
lm(formula = dat[, 2] ~ コミュニケーション + 理解 +
    課題, data = y)


Residuals:
    Min      1Q  Median      3Q     Max
-3.5523 -0.6298  0.0233  0.5321  2.6632


Coefficients:
                Estimate Std. Error t value Pr(>|t|)
(Intercept)       0.9979     0.5200   1.919   0.0610 .
```

```
コミュニケーション    0.3721    0.1444    2.576    0.0131 *
理解                 0.3204    0.1682    1.905    0.0628 .
課題                 0.2615    0.1494    1.750    0.0866 .
---
Signif. codes:  0 '***' 0.001 '**' 0.01 '*' 0.05 '.' 0.1 ' ' 1

Residual standard error: 1.185 on 48 degrees of freedom
Multiple R-squared:  0.4513,    Adjusted R-squared:  0.417
F-statistic: 13.16 on 3 and 48 DF,  p-value: 2.144e-06
```

　強制投入法でもAIC法でも説明率（Adjusted R-squared）は4割（0.409、0.417）
で、コミュニケーションが重要な説明変数であることは一致しました（$p < .05$）。
また、AIC法によると理解のしやすさと課題の内容もオンライン授業の満足度を
左右する要因となる傾向にありました（$p < .10$）。

Chapter 12 発展

```
> dat = read.csv("east2_log.csv")
> attach(dat)
> head(dat)
  満足  メニュー 価格 量 味 接客 速度 利用 時間
1   1       6    3  3  2    5    6    3    1
2   1       4    5  5  4    4    6    3    3
3   1       6    6  6  6    4    6    4    4
4   1       6    4  4  4    4    6    6    5
5   1       6    6  6  4    4    6    6    1
6   0       5    3  1  1    4    6    4    1
```

「満足」の値が二値データ (0 or 1) です。

ロジスティック回帰分析part1
```
> result_lg = glm(dat[, "満足"] ~ dat[, "メニュー"] + dat[, "価格"] +
dat[, "量"] + dat[, "味"] + dat[, "接客"] + dat[, "速度"] + dat[, "利
用"] + dat[, "時間"], family=binomial)
> result_lg
```

```
Call:  glm(formula = dat[, "満足"] ~ dat[, "メニュ"] + dat[, "価格"] +
    dat[, "量"] + dat[, "味"] + dat[, "接客"] + dat[, "速度"] +
    dat[, "利用"] + dat[, "時間"], family = binomial)

Coefficients:
    (Intercept)  dat[, "メニュ"]    dat[, "価格"]
        -14.7246          1.5789          0.1089
    dat[, "量"]        dat[, "味"]      dat[, "接客"]
        -0.2546          1.7269          -0.1823
    dat[, "速度"]    dat[, "利用"]    dat[, "時間"]
         0.3363          0.3864          0.4661

Degrees of Freedom: 69 Total (i.e. Null);  61 Residual
Null Deviance:       79.81
Residual Deviance: 30.16        AIC: 48.16
> stepre=step(lm.result.m)
Start:  AIC=-148.06
dat[, 1] ~ メニュ + 価格 + 量 + 味 + 接客 + 速度 + 利用 + 時間


        Df Sum of Sq    RSS      AIC
- 量      1   0.00025 6.5292 -150.06
- 価格    1   0.00339 6.5323 -150.02
- 速度    1   0.00914 6.5381 -149.96
- 接客    1   0.03251 6.5614 -149.71
- 利用    1   0.05854 6.5875 -149.43
- 時間    1   0.17143 6.7004 -148.24
<none>               6.5289 -148.06
- 味      1   0.29696 6.8259 -146.94
- メニュ  1   0.75201 7.2809 -142.43

Step:  AIC=-150.06
dat[, 1] ~ メニュ + 価格 + 味 + 接客 + 速度 + 利用 + 時間


        Df Sum of Sq    RSS     AIC
- 価格    1   0.00331 6.5325 -152.02
- 速度    1   0.00925 6.5384 -151.96
- 接客    1   0.03263 6.5618 -151.71
- 利用    1   0.05830 6.5875 -151.43
```

```
- 時間      1    0.17567 6.7048 -150.20
<none>                    6.5292 -150.06
- 味       1    0.39618 6.9253 -147.93
- メニュ    1    0.75178 7.2810 -144.43
```

（中略）

```
Step:  AIC=-156.91
dat[, 1] ~ メニュ + 味 + 時間

        Df Sum of Sq    RSS     AIC
<none>                  6.6371 -156.91
- 時間      1    0.33807 6.9752 -155.43
- 味       1    0.41471 7.0518 -154.66
- メニュ    1    1.19949 7.8366 -147.28
> summary(stepre)

Call:
lm(formula = dat[, 1] ~ メニュ + 味 + 時間, data = y)

Residuals:
     Min      1Q   Median      3Q      Max
-0.76336 -0.21929  0.07048  0.21645  0.62699

Coefficients:
            Estimate Std. Error t value Pr(>|t|)
(Intercept) -0.34002    0.13768  -2.470 0.016122 *
メニュ       0.11882    0.03440   3.454 0.000971 ***
味          0.08862    0.04364   2.031 0.046313 *
時間         0.05472    0.02985   1.834 0.071236 .
---
Signif. codes:
0 '***' 0.001 '**' 0.01 '*' 0.05 '.' 0.1 ' ' 1

Residual standard error: 0.3171 on 66 degrees of freedom
Multiple R-squared:  0.5036,    Adjusted R-squared:  0.4811
F-statistic: 22.32 on 3 and 66 DF,  p-value: 4.317e-10
```

ロジスティック回帰分析part2

```
> result_lg2 = glm(dat[, "満足"] ~ dat[, "メニュー"] + dat[, "味"] +
dat[, "時間"], family=binomial)
> result_lg2

Call:  glm(formula = dat[, "満足"] ~ dat[, "メニュー"] + dat[, "味"] +
    dat[, "時間"], family = binomial)

Coefficients:
    (Intercept)  dat[, "メニュー"]       dat[, "味"]
       -12.5340            1.6558            1.2990
  dat[, "時間"]
         0.6981

Degrees of Freedom: 69 Total (i.e. Null);  66 Residual
Null Deviance:      79.81
Residual Deviance: 31.73      AIC: 39.73
> summary(result_lg2)

Call:
glm(formula = dat[, "満足"] ~ dat[, "メニュー"] + dat[, "味"] +
    dat[, "時間"], family = binomial)

Deviance Residuals:
    Min        1Q    Median        3Q       Max
-2.38168  -0.00926   0.08050   0.29439   2.38831

Coefficients:
              Estimate Std. Error z value Pr(>|z|)
(Intercept)    -12.5340     3.7056  -3.382 0.000718 ***
dat[, "メニュー"]   1.6558     0.5496   3.013 0.002588 **
dat[, "味"]      1.2990     0.5665   2.293 0.021835 *
dat[, "時間"]     0.6981     0.3515   1.986 0.047038 *
---
Signif. codes:  0 '***' 0.001 '**' 0.01 '*' 0.05 '.' 0.1 ' ' 1

(Dispersion parameter for binomial family taken to be 1)
```

```
   Null deviance: 79.807  on 69  degrees of freedom
Residual deviance: 31.729  on 66  degrees of freedom
AIC: 39.729

Number of Fisher Scoring iterations: 7
```

　1回目のロジスティック回帰分析のAIC＝48.16が、2回目のロジスティク回帰分析では39.73に小さくなっています。このことから、2回目のモデルのほうがあてはまり具合は改善しています。結果は、利用者が学食に満足するかしないかは、メニュー（メニュ）、味、時間（営業時間）の三つの要因によって決まる（調整済み R^2 値 ＝.48）と示されました。

　しかし、Chapter12の本編では、学食の満足度は、メニューと味に加えて、価格と利用のしやすさが抽出され（調整済み R^2 値 ＝.81）、「時間」は抽出されていませんでした。この違いをどう考えたらよいのでしょうか。もともと、使用されたアンケート用紙は、「満足しているか」「満足していないか」の二分法で回答者に尋ねていません。6件法で尋ねた結果を二値データに変換したものです。加えて、重回帰分析の説明率（調整済み R^2 値 ＝.81）がロジスティック回帰分析のそれ（調整済み R^2 値 ＝.48）よりもかなり高いです。したがって、利用者が学食に満足するかどうかの決め手になるのは重回帰分析の結果（メニュー、味、価格、利用のしやすさ）の方であると考えます。

Chapter 13

1　データを呼び出す

```
> dat=read.csv("flca10.csv", fileEncoding="shift-jis")
> attach(dat)
> head(dat)
   自信 間違い 笑う はずかしい 直し 指名 先生 緊張 劣等 自意識
1    1    0    2          2    2    2    2    2    0      2
2    0    0    0          0    0    1    0    0   -2      0
3    1    1    1          0    1    0    0    0   -1      0
4    1    0    1          2    2    2    2    2   -2     -1
5    1    2    1          2    2    0    0    2    0      0
6    1    1    1          1    1    2    2    2    2      1
> library(psych)
```

2 記述統計

```
> describe(dat)
```

	vars	n	mean	sd	median	trimmed	mad	min	max	range
自信	1	28	0.43	0.79	0.5	0.50	0.74	-2	2	4
間違い	2	28	0.79	0.99	1.0	0.83	1.48	-1	2	3
笑う	3	28	0.79	0.88	1.0	0.79	1.48	-1	2	3
はずかしい	4	28	1.00	0.90	1.0	1.04	1.48	-1	2	3
直し	5	28	1.00	1.02	1.0	1.08	1.48	-1	2	3
指名	6	28	0.68	1.16	1.0	0.79	1.48	-2	2	4
先生	7	28	0.54	1.26	0.0	0.62	1.48	-2	2	4
緊張	8	28	0.89	1.10	1.0	1.00	1.48	-2	2	4
劣等	9	28	-0.36	1.16	0.0	-0.42	1.48	-2	2	4
自意識	10	28	0.29	0.90	0.0	0.29	0.00	-2	2	4

	skew	kurtosis	se
自信	-0.86	1.29	0.15
間違い	-0.24	-1.14	0.19
笑う	0.08	-1.20	0.17
はずかしい	-0.29	-1.17	0.17
直し	-0.41	-1.27	0.19
指名	-0.63	-0.26	0.22
先生	-0.29	-1.00	0.24
緊張	-0.76	-0.21	0.21
劣等	0.28	-0.78	0.22
自意識	0.04	0.33	0.17

3 相関

```
> cor(dat)
```

	自信	間違い	笑う	はずかしい
自信	1.00000000	-0.11444244	0.03057982	0.15578224
間違い	-0.11444244	1.00000000	0.28542569	0.16499731
笑う	0.03057982	0.28542569	1.00000000	0.51528365
はずかしい	0.15578224	0.16499731	0.51528365	1.00000000
直し	0.04602873	0.25594535	0.45675014	0.56407607
指名	0.15634255	0.19548910	0.55109044	0.24836485
先生	0.02123324	0.09487655	0.24182687	0.52042104
緊張	-0.03043326	0.31669408	0.51338959	0.63402451
劣等	0.05188376	0.44420234	0.39523874	0.21194288
自意識	-0.28374015	-0.01186281	0.26943512	0.04575261

	直し	指名	先生	緊張
自信	0.04602873	0.15634255	0.021233235	-0.03043326
間違い	0.25594535	0.19548910	0.094876553	0.31669408
笑う	0.45675014	0.55109044	0.241826872	0.51338959
はずかしい	0.56407607	0.24836485	0.520421038	0.63402451
直し	1.00000000	0.50320437	0.461303945	0.46282572
指名	0.50320437	1.00000000	0.249358572	0.40860759
先生	0.46130395	0.24935857	1.000000000	0.60333754
緊張	0.46282572	0.40860759	0.603337542	1.00000000
劣等	0.40704579	0.51797653	0.312351215	0.37471229
自意識	0.08111071	0.09183434	-0.009354173	0.10725750

	劣等	自意識
自信	0.05188376	-0.283740153
間違い	0.44420234	-0.011862805
笑う	0.39523874	0.269435115
はずかしい	0.21194288	0.045752611
直し	0.40704579	0.081110711
指名	0.51797653	0.091834344
先生	0.31235121	-0.009354173
緊張	0.37471229	0.107257495
劣等	1.00000000	0.350475131
自意識	0.35047513	1.000000000

4 因子数のあたりをつける

```
> 因子分析 = factanal(dat, factors=2)
> eigen(cor(dat))
eigen() decomposition
$values
 [1] 3.8366391 1.4345750 1.1238133 0.9760248 0.7134932 0.6424618
 [7] 0.5272105 0.2991403 0.2475598 0.1990821
$vectors
（省略）
> options(digits=3)
> eigen(cor(dat))
eigen() decomposition
$values
 [1] 3.837 1.435 1.124 0.976 0.713 0.642 0.527 0.299 0.248 0.199
# 固有値から因子は三つが適当そうです。
```

```
$vectors
            [,1]      [,2]       [,3]      [,4]      [,5]      [,6]      [,7]
 [1,]  -0.0332   0.5219   0.56776   0.2350   0.1031   0.4962  -0.0332
 [2,]  -0.2258  -0.2426   0.19455  -0.7683  -0.1572   0.2534  -0.0936
 [3,]  -0.3790  -0.1191   0.10720   0.2059  -0.5711   0.0131   0.2173
 [4,]  -0.3687   0.3020  -0.28085   0.0913  -0.2949   0.3019  -0.2309
 [5,]  -0.3875   0.1013  -0.00818   0.0249   0.0171  -0.3576  -0.7437
 [6,]  -0.3448  -0.0462   0.43887   0.1838   0.0246  -0.5441   0.2735
 [7,]  -0.3246   0.2677  -0.38648  -0.0448   0.5463  -0.0373   0.1653
 [8,]  -0.4069   0.0975  -0.27476  -0.1007  -0.0316   0.1031   0.4648
 [9,]  -0.3387  -0.3195   0.32144  -0.0647   0.4922   0.1926  -0.0250
[10,]  -0.1161  -0.6064  -0.16904   0.5030   0.0947   0.3538  -0.1330
            [,8]      [,9]     [,10]
 [1,]  -0.05353  -0.2899   0.0634
 [2,]   0.00457  -0.3195  -0.2493
 [3,]   0.58172  -0.0477   0.2721
 [4,]  -0.10780   0.4637  -0.4771
 [5,]  -0.10570  -0.1988   0.3270
 [6,]  -0.22710  -0.0514  -0.4764
 [7,]   0.47172  -0.2917  -0.1920
 [8,]  -0.57065  -0.0880   0.4221
 [9,]   0.10801   0.5775   0.2247
[10,]  -0.15659  -0.3579  -0.1811
> eigen.result = fa.parallel(dat)
```
Parallel analysis suggests that the number of factors = 1 and the
number of components = 1

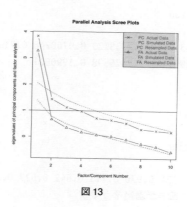

図13

図13のスクリープロットのPC Actual Dataの折れ線をみると、固有値1以上の因子は三つあることを示しています。

5　因子分析1回目

```
> 因子分析 = factanal(dat, factors=3)
> print(因子分析, cutoff=0)

Call:
factanal(x = dat, factors = 3)

Uniquenesses:
        自信      間違い      笑う  はずかしい        直し
       0.900     0.726     0.505     0.124     0.497
        指名      先生      緊張        劣等      自意識
       0.005     0.630     0.419     0.348     0.825

Loadings:
           Factor1 Factor2 Factor3
自信         0.110    0.161   -0.250
間違い       0.211    0.108    0.467
笑う         0.524    0.429    0.191
はずかしい   0.932    0.047   -0.068
直し         0.587    0.369    0.146
指名         0.224    0.967    0.094
先生         0.584    0.109    0.134
緊張         0.692    0.241    0.211
劣等         0.251    0.414    0.646
自意識       0.062    0.041    0.412


               Factor1 Factor2 Factor3
SS loadings      2.481   1.539   1.001
Proportion Var   0.248   0.154   0.100
Cumulative Var   0.248   0.402   0.502


Test of the hypothesis that 3 factors are sufficient.
The chi square statistic is 14.2 on 18 degrees of freedom.
The p-value is 0.715
```

6 因子分析2回目

```
> 因子分析2 = factanal(dat, factors=3, rotation="promax")
> print(因子分析2, cutoff=0)

Call:
factanal(x = dat, factors = 3, rotation = "promax")

Uniquenesses:
     自信     間違い     笑う   はずかしい     直し
    0.900    0.726    0.505     0.124      0.497
     指名     先生      緊張     劣等      自意識
    0.005    0.630    0.419     0.348      0.825

Loadings:
          Factor1 Factor2 Factor3
自信        0.161  -0.318   0.243
間違い      0.022   0.550  -0.093
笑う        0.369   0.176   0.289
はずかしい  1.130  -0.218  -0.186
直し        0.489   0.109   0.216
指名       -0.187   0.121   1.038
先生        0.603   0.084  -0.084
緊張        0.646   0.169   0.013
劣等       -0.133   0.776   0.193
自意識     -0.106   0.501  -0.111
```

> \# プロマックス回転（斜交回転）の場合、因子負荷量が1.0または-1.0を超えることがあります（松尾・中村 2021, p.162）。この場合、「不適解」と呼ばれ、モデルが十分に当てはまっていないことを示します。解釈には注意が必要になります。

```
                Factor1 Factor2 Factor3
SS loadings       2.524   1.396   1.366
Proportion Var    0.252   0.140   0.137
Cumulative Var    0.252   0.392   0.529

Factor Correlations:
        Factor1 Factor2 Factor3
Factor1   1.000  -0.577   0.472
Factor2  -0.577   1.000  -0.567
Factor3   0.472  -0.567   1.000

Test of the hypothesis that 3 factors are sufficient.
```

```
The chi square statistic is 14.2 on 18 degrees of freedom.
The p-value is 0.715
```

7　パス図の描画

```
> fa.diagram(因子分析2, cut=0, simple=TRUE, sort=FALSE, digits=3)
```

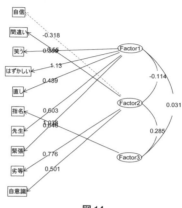

図 14

8　因子の命名

　三つの因子が抽出されました（累積寄与率52.9%）。第1因子 (loadings > .04) は「恥ずかしい」「直し」「先生」「緊張」なので、「先生に直される緊張と恥ずかしさ」としました。第2因子は「間違い」「劣等」「自意識」による因子なので「劣等感情」としました。第3因子は1項目のみしか抽出されなかったが「指名恐怖」としました。

9　信頼性係数（α）の計算

第1因子「先生に直される緊張と恥ずかしさ」

```
> cronbach(dat[, c(4,5,7,8)])
$sample.size
[1] 28
$number.of.items
[1] 4
$alpha
```

```
[1] 0.818
```

高い内的一貫性を示しています。

第 2 因子「劣等感情」
```
> cronbach(dat[,c(2,9,10)])
$sample.size
[1] 28
$number.of.items
[1] 3
$alpha
[1] 0.534
```

第 1 因子に比べると低い内的一貫性です。Factor3 は 1 項目「指名」しかない
ので信頼性係数の算出はしません。

以上から、外国語教室不安は、指名されたり、先生に直される恥ずかしさや緊
張感、学習者の劣等感情に起因することが示唆されました。

Chapter 14

1 データの読み込みと確認
```
> dat = read.csv("flca10.csv", fileEncoding="shift-jis")
> attach(dat)
> View(dat)
```

2 デンドログラム
```
> 距離 = dist(dat[, 1:10]) ^ 2
> result = hclust(距離, method="ward")
 "ward"法は "ward.D" 法に名称変更されました。新しい "ward.D2"もあります
> plot(result)
```

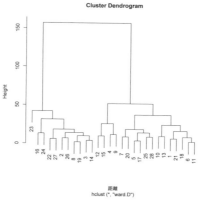

図 15

```
> 分類結果 = cutree(result, k=4)
> 分類結果
 [1] 1 2 2 3 1 1 1 2 3 1 1 3 1 2 3 2 1 1 2 1 1 2 4 2 1 2 2 1
```

3　2要因混合分散分析（ANOVA）

　デンドログラムから4クラスターが妥当かと考えましたが、上記のように Group4 に属するのは1名だけ（ID 23）です。そこで、その一名を除いて3クラスターとして、被験者間要因（クラスター）と被験者内要因（外国語教室不安）の2要因混合分散分析を行います（$N = 27$）。

　Chapter 10 を参照して、ANOVA 君を呼び出し、以下のコマンドを打ちます。

```
> anovakun(dat, "AsB", group=c("G1", "G2", "G3"), anxiety=c("自信", "間違い", "笑", "恥", "直し", "指名", "理解", "緊張", "劣等", "自意識"), auto=TRUE, holm=TRUE, eta=TRUE)
```

　球面性は担保されていました（球面性検定の結果は省略）。

```
<< ANOVA TABLE >>

== Adjusted by Greenhouse-Geisser's Epsilon for Suggested Violation ==
== This data is UNBALANCED!! ==
== Type III SS is applied. ==
```

```
---------------------------------------------------------------------------
           Source      SS   df      MS   F-ratio   p-value        eta^2
---------------------------------------------------------------------------
            group  47.7389   2  23.8694  23.2016   0.0000  ***   0.1591
        s x group  24.6908  24   1.0288
---------------------------------------------------------------------------
          anxiety  57.2897   9   6.3655  10.2643   0.0000  ***   0.1909
  group x anxiety  36.4298  18   2.0239   3.2635   0.0000  ***   0.1214
s x group x anxiety 133.9554 216  0.6202
---------------------------------------------------------------------------

     Total 288.3296 269   1.0719
                    +p < .10, *p < .05, **p < .01, ***p < .001
```

クラスター×教室不安に有意は交互作用がみられた（$F(18, 269) = 3.264$, $p < .001$, $\eta^2 = 0.12$）ので、単純主効果の検定に移ります。

```
---------------------------------------------------------------------------
           Source      SS    df      MS   F-ratio    p-value       eta^2
---------------------------------------------------------------------------
group at 自信    0.9608    2  0.4804   0.7411    0.4872 ns    0.0582
  Er at 自信   15.5577   24  0.6482
---------------------------------------------------------------------------
group at 間違い   5.3882    2  2.6941   3.5883    0.0433 *     0.2302
  Er at 間違い  18.0192   24  0.7508
---------------------------------------------------------------------------
  group at 笑    4.9997    2  2.4999   4.8354    0.0172 *     0.2872
    Er at 笑   12.4077   24  0.5170
---------------------------------------------------------------------------
  group at 恥    8.6826    2  4.3413  11.3632    0.0003 ***   0.4864
    Er at 恥    9.1692   24  0.3821
---------------------------------------------------------------------------
 group at 直し   10.6749    2  5.3375   9.7215    0.0008 ***   0.4476
   Er at 直し   13.1769   24  0.5490
---------------------------------------------------------------------------
 group at 指名    6.0090    2  3.0045   3.1825    0.0594 +     0.2096
   Er at 指名   22.6577   24  0.9441
---------------------------------------------------------------------------
 group at 理解   13.0886    2  6.5443   6.7677    0.0047 **    0.3606
```

```
    Er at 理解   23.2077    24   0.9670
----------------------------------------------------------------------
  group at 緊張   12.8692     2   6.4346   13.8742   0.0001  ***    0.5362
    Er at 緊張   11.1308    24   0.4638
----------------------------------------------------------------------
  group at 劣等   11.6527     2   5.8264    6.3627   0.0061  **     0.3465
    Er at 劣等   21.9769    24   0.9157
----------------------------------------------------------------------
  group at 自意識  9.8429     2   4.9214   10.4136   0.0006  ***    0.4646
    Er at 自意識  11.3423    24   0.4726
----------------------------------------------------------------------
    anxiety at G1 23.0846     9   2.5650    4.3545   0.0001  ***    0.2200
s x anxiety at G1 63.6154   108   0.5890
----------------------------------------------------------------------
    anxiety at G2 15.7600  3.79   4.1637    2.8459   0.0412  *      0.2299
s x anxiety at G2 49.8400 34.07   1.4630
----------------------------------------------------------------------
    anxiety at G3 43.1000     9   4.7889    6.3073   0.0001  ***    0.6423
s x anxiety at G3 20.5000    27   0.7593
----------------------------------------------------------------------
              +p < .10, *p < .05, **p < .01, ***p < .001
```

　上記の単純主効果検定では有意でも、多重比較をしてみるとそれぞれの水準間で有意な差がないこともあります。adj.p で有意性を判断します。

```
< MULTIPLE COMPARISON for "group at 間違い" >

== Holm's Sequentially Rejective Bonferroni Procedure ==
== The factor < group at 他上手 > is analysed as independent means. ==
== Alpha level is 0.05. ==


-----------------------------------------------------------
  Pair   Diff   t-value  df      p     adj.p
-----------------------------------------------------------
  G1-G2  0.8077  2.2161  24   0.0364  0.1092   G1 = G2
  G1-G3  1.0577  2.1349  24   0.0432  0.1092   G1 = G3
  G2-G3  0.2500  0.4877  24   0.6302  0.6302   G2 = G3
-----------------------------------------------------------
```

```
< MULTIPLE COMPARISON for "group at 笑" >

== Holm's Sequentially Rejective Bonferroni Procedure ==
== The factor < group at 笑 > is analysed as independent means. ==
== Alpha level is 0.05. ==

------------------------------------------------------------
  Pair    Diff   t-value  df      p    adj.p
------------------------------------------------------------
  G1-G2   0.9308  3.0776  24  0.0052  0.0155  G1 > G2 *
  G2-G3  -0.7000  1.6456  24  0.1129  0.2258  G2 = G3
  G1-G3   0.2308  0.5613  24  0.5798  0.5798  G1 = G3
------------------------------------------------------------
```

G1 は G2 に比べて笑われるのが、心配なようです（下線部）。

```
< MULTIPLE COMPARISON for "group at 恥" >

== Holm's Sequentially Rejective Bonferroni Procedure ==
== The factor < group at 恥 > is analysed as independent means. ==
== Alpha level is 0.05. ==

------------------------------------------------------------
  Pair    Diff   t-value  df      p    adj.p
------------------------------------------------------------
  G2-G3  -1.6000  4.3755  24  0.0002  0.0006  G2 < G3 *
  G1-G2   0.9077  3.4913  24  0.0019  0.0038  G1 > G2 *
  G1-G3  -0.6923  1.9589  24  0.0618  0.0618  G1 = G3
------------------------------------------------------------
```

G2 はタフですね。

```
< MULTIPLE COMPARISON for "group at 直し" >

== Holm's Sequentially Rejective Bonferroni Procedure ==
```

```
== The factor < group at 直し > is analysed as independent means. ==
== Alpha level is 0.05. ==


-----------------------------------------------------------
  Pair    Diff  t-value  df      p    adj.p
-----------------------------------------------------------
  G2-G3  -1.7000   3.8781  24  0.0007  0.0022  G2 < G3 *
  G1-G2   1.0846   3.4800  24  0.0019  0.0039  G1 > G2 *
  G1-G3  -0.6154   1.4525  24  0.1593  0.1593  G1 = G3
-----------------------------------------------------------
```

G2 は教員の「直し」に対してもタフです。

< MULTIPLE COMPARISON for "group at 指名" >

```
== Holm's Sequentially Rejective Bonferroni Procedure ==
== The factor < group at 指名 > is analysed as independent means. ==
== Alpha level is 0.05. ==


-----------------------------------------------------------
  Pair    Diff  t-value  df      p    adj.p
-----------------------------------------------------------
  G1-G2   1.0308   2.5221  24  0.0187  0.0561  G1 = G2
  G2-G3  -0.5500   0.9568  24  0.3482  0.6964  G2 = G3
  G1-G3   0.4808   0.8654  24  0.3954  0.6964  G1 = G3
-----------------------------------------------------------
```

< MULTIPLE COMPARISON for "group at 理解" >

```
== Holm's Sequentially Rejective Bonferroni Procedure ==
== The factor < group at 理解 > is analysed as independent means. ==
== Alpha level is 0.05. ==


-----------------------------------------------------------
  Pair    Diff  t-value  df      p    adj.p
-----------------------------------------------------------
  G2-G3  -2.1000   3.6097  24  0.0014  0.0042  G2 < G3 *
```

```
 G1-G3  -1.2308   2.1890  24  0.0386  0.0771  G1 = G3
 G1-G2   0.8692   2.1015  24  0.0463  0.0771  G1 = G2
------------------------------------------------------------
```

G3 はやや教員の話す英語に対して理解不安が強いようです。

< MULTIPLE COMPARISON for "group at 緊張" >

== Holm's Sequentially Rejective Bonferroni Procedure ==
== The factor < group at 緊張 > is analysed as independent means. ==
== Alpha level is 0.05. ==

```
------------------------------------------------------------
 Pair    Diff  t-value  df       p  adj.p
------------------------------------------------------------
 G1-G2  1.4385   5.0217  24  0.0000  0.0001  G1 > G2 *
 G2-G3 -1.4000   3.4749  24  0.0020  0.0039  G2 < G3 *
 G1-G3  0.0385   0.0988  24  0.9221  0.9221  G1 = G3
------------------------------------------------------------
```

G2 はメンタルが強そうです。

< MULTIPLE COMPARISON for "group at 劣等" >

== Holm's Sequentially Rejective Bonferroni Procedure ==
== The factor < group at 上手 > is analysed as independent means. ==
== Alpha level is 0.05. ==

```
------------------------------------------------------------
 Pair    Diff  t-value  df       p  adj.p
------------------------------------------------------------
 G1-G2  1.2846   3.1916  24  0.0039  0.0118  G1 > G2 *
 G1-G3  1.3846   2.5306  24  0.0184  0.0367  G1 > G3 *
 G2-G3  0.1000   0.1766  24  0.8613  0.8613  G2 = G3
------------------------------------------------------------
```

G1 は G2、G3 に比して、劣等感情が強いです。

```
< MULTIPLE COMPARISON for "group at 自意識" >

== Holm's Sequentially Rejective Bonferroni Procedure ==
== The factor < group at 自意識 > is analysed as independent means.
==
== Alpha level is 0.05. ==


------------------------------------------------------------
  Pair    Diff   t-value  df      p    adj.p
------------------------------------------------------------
  G1-G3  1.5962   4.0608  24  0.0005  0.0014  G1 > G3 *
  G1-G2  0.9462   3.2721  24  0.0032  0.0064  G1 > G2 *
  G2-G3  0.6500   1.5982  24  0.1231  0.1231  G2 = G3
------------------------------------------------------------
```

G1 は G2、G3 に比して、自意識が強いですね。

　Ward 法によるデンドログラムから 27 人（28 人から一人除外）を三つのクラスターに分け、2 要因混合（グループ×教室内外国語学習不安）分散分析をしたところ、各グループの不安傾向にそれぞれ特徴がありました。G1 は劣等感情が強いグループ、G2 は教室内外国語学習不安が小さいグループ、G3 は教師とのやり取りに特に不安を抱えるグループのようです。

4　可視化

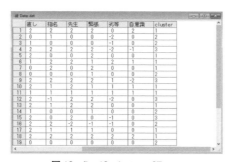

図 16　flca10_cluster_n27.csv
flca10.csv（Chapter 13 類題）から 1 名を除き (n = 27)、クラスター分類を最右列に挿入したファイル
（「直し」列よりも左側は画面から見えない）。

```
> dat=read.csv("flca10_cluster_n27.csv", fileEncoding="shift-jis")
> attach(dat)
> View(dat)
> library(reshape)
> dat2 = melt(dat, id="cluster") # 図16のlong dataをmelt()を使って
wide dataに変換し、それをdat2に代入します。
> dat2$cluster=factor(cluster)
> dat2 # long dataに変換されたことを確認。
    cluster   variable value
1        1       自信    1
2        2       自信    0
3        2       自信    1
4        3       自信    1
5        1       自信    1
6        1       自信    1
7        1       自信    0
8        2       自信    0
9        3       自信    2
（以下、省略）
> interaction.plot(dat2$variable, dat2$cluster, dat2$value, type="b",
pch=c(1, 2, 3), xlab="anxiety", ylab="score", trace.label="cluster",
bty="l") # pch=c(1, 2, 3)は、1:○、2:△、3:＋で点プロットをしてくれの
意味です。btyは枠の描き方を指定。"l"はL字型で、上部と右枠をオープンにし
ます。
```

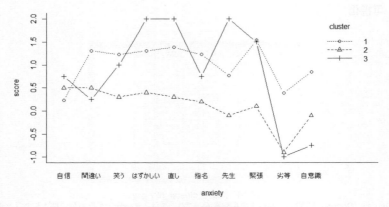

図17　グループ×教室内不安 ($n = 27$)

参考図書

注）各 Chapter 固有の参考・引用文献は各 Chapter の章末に示した。

JACET SLA 研究会 (2013).『第二言語習得と英語科教育法』開拓社.

逸見功 (2018).『統計ソフト「R」超入門 ― 実例で学ぶ初めてのデータ解析』講談社.

大久保街亜・岡田謙介 (2012).『伝えるための心理統計 ― 効果量・信頼区間・検定力』勁草書房.

緒賀郷志 (2018).『R による心理・調査データ解析』東京図書.

鎌原雅彦・宮下一博・大野木裕明・中澤潤（編著）(2016).『心理学マニュアル　質問紙法』北大路書房.

金明哲 (2007).『R によるデータサイエンス』森北出版.

栗原伸一 (2011).『入門 統計学 ― 検定から多変量解析・実験計画法まで』オーム社.

小林雄一郎 (2017).『R によるやさしいテキストマイニング』オーム社.

小林雄一郎 (2018).『R によるやさしいテキストマイニング 活用事例編』オーム社.

小林雄一郎・濱田彰・水本篤 (2020).『R による教育データ分析入門』オーム社.

繁桝算男・柳井晴夫・森敏昭（編著）(2008).『Q&A で知る統計データ解析［第 2 版］』サイエンス社.

高橋信 (2020).『データ分析の先生！文系の私にも超わかりやすく統計学を教えてください』かんき出版.

竹内理・水本篤（編著）(2014).『外国語教育研究ハンドブック ― 研究手法のより良い理解のために』松柏社.

田中敏 (1999).『実践心理データ解析 ― 問題の発想・データ処理・論文の作成』新曜社.

田中敏 (2021).『R を使った全自動統計データ分析ガイド』北大路書房.

豊田秀樹（編著）(2015).『紙を使わないアンケート調査入門 ― 卒業論文、高校生にも使える ―』東京図書.

豊澤栄治 (2015).『楽しいR ― ビジネスに役立つデータの扱い方・読み解き方を知りたい人のためのR 統計分析入門』翔泳社.

中野博幸・田中敏 (2012).『フリーソフトjs-STAR でかんたん統計データ分析』技術評論社.

中村知靖・松井仁・前田忠彦 (2014).『心理統計法への招待 ― 統計をやさしく学び身近にするために』サイエンス社.

名古屋大学石井研究室.『統計解析フリーソフトR のスクリプト集』https://www.educa.nagoya-u.ac.jp/~ishii-h/materials/Rscripts_ishii.pdf

南風原朝和 (2003).『心理学統計の基礎 ― 統合的理解のために』有斐閣.

樋口耕一 (2014).『社会調査のための計量テキスト分析 ― 内容分析の継承と発展を目指して』ナカニシヤ出版.

平井明代（編著）(2017).『教育・心理系研究のためのデータ分析入門　第2 版 ― 理論

と実践から学ぶSPSS 活用法』東京図書.

平井明代（編著）(2018).『教育・心理・言語系研究のためのデータ分析 ― 研究の幅を広げる統計手法』東京図書.

平井明代・岡秀亮・草薙邦広（編著）(2022).『R によるデータ分析 ― 論文作成への理論と実践集』東京図書.

舟尾暢男 (2005).『統計解析フリーソフトR の備忘録PDF』(第 4 版).

松尾太加志・中村知靖 (2021).『誰も教えてくれなかった因子分析 ― 数式が絶対に出てこない因子分析入門』北大路書房.

水本篤・竹内理 (2008).「研究論文における効果量の報告のために」『英語教育研究』*31*, 57–66.

村井潤一郎 (2013).『はじめてのR ― ごく初歩の操作から統計解析の導入まで』北大路書房.

本橋永至 (2017).『R で学ぶ統計データ分析』オーム社.

山際勇一郎・田中敏 (1997).『ユーザーのための心理データの多変量解析法 ― 方法の理解から論文の書き方まで』教育出版.

山田剛史（編著）(2015).『R による心理学研究法入門』北大路書房.

山田剛史・杉澤武俊・村井潤一郎 (2008).『R によるやさしい統計学』オーム社.

山田剛史・杉澤武俊・村井潤一郎 (2015).『R による心理データ解析』ナカニシヤ出版.

吉田寿夫 (1998).『本当にわかりやすいすごく大切なことが書いてあるごく初歩の統計の本』北大路書房.

吉田寿夫・森敏昭（編著）(1990).『心理学のためのデータ解析テクニカルブック』北大路書房.

別表

z	p	z	p	z	p	z	p	z	p	z	p
0.00	0.500	0.55	0.291	1.10	0.136	1.65	0.049	2.10	0.02	2.55	0.01
0.01	0.496	0.56	0.288	1.11	0.133	1.66	0.048	2.11	0.02	2.56	0.01
0.02	0.492	0.57	0.284	1.12	0.131	1.67	0.047	2.12	0.02	2.57	0.01
0.03	0.488	0.58	0.281	1.13	0.129	1.68	0.046	2.13	0.02	2.58	0.01
0.04	0.484	0.59	0.278	1.14	0.127	1.69	0.046	2.14	0.02	2.59	0.01
0.05	0.480	0.60	0.274	1.15	0.125	1.70	0.045	2.15	0.02	2.60	0.01
0.06	0.476	0.61	0.271	1.16	0.123	1.71	0.044	2.16	0.02	2.61	0.01
0.07	0.472	0.62	0.268	1.17	0.121	1.72	0.043	2.17	0.02	2.62	0.00
0.08	0.468	0.63	0.264	1.18	0.119	1.73	0.042	2.18	0.02	2.63	0.00
0.09	0.464	0.64	0.261	1.19	0.117	1.74	0.041	2.19	0.01	2.64	0.00
0.10	0.460	0.65	0.258	1.20	0.115	1.75	0.040	2.20	0.01	2.65	0.00
0.11	0.456	0.66	0.255	1.21	0.113	1.76	0.039	2.21	0.01	2.66	0.00
0.12	0.452	0.67	0.251	1.22	0.111	1.77	0.038	2.22	0.01	2.67	0.00
0.13	0.448	0.68	0.248	1.23	0.109	1.78	0.038	2.23	0.01	2.68	0.00
0.14	0.444	0.69	0.245	1.24	0.107	1.79	0.037	2.24	0.01	2.69	0.00
0.15	0.440	0.70	0.242	1.25	0.106	1.80	0.036	2.25	0.01	2.70	0.00
0.16	0.436	0.71	0.239	1.26	0.104	1.81	0.035	2.26	0.01	2.71	0.00
0.17	0.433	0.72	0.236	1.27	0.102	1.82	0.034	2.27	0.01	2.72	0.00
0.18	0.429	0.73	0.233	1.28	0.100	1.83	0.034	2.28	0.01	2.73	0.00
0.19	0.425	0.74	0.230	1.29	0.099	1.84	0.033	2.29	0.01	2.74	0.00
0.20	0.421	0.75	0.227	1.30	0.097	1.85	0.032	2.30	0.01	2.75	0.00
0.21	0.417	0.76	0.224	1.31	0.095	1.86	0.031	2.31	0.01	2.76	0.00
0.22	0.413	0.77	0.221	1.32	0.093	1.87	0.031	2.32	0.01	2.77	0.00
0.23	0.409	0.78	0.218	1.33	0.092	1.88	0.030	2.33	0.01	2.78	0.00
0.24	0.405	0.79	0.215	1.34	0.090	1.89	0.029	2.34	0.01	2.79	0.00
0.25	0.401	0.80	0.212	1.35	0.089	1.90	0.029	2.35	0.01	2.80	0.00
0.26	0.397	0.81	0.209	1.36	0.087	1.91	0.028	2.36	0.01	2.81	0.00
0.27	0.394	0.82	0.206	1.37	0.085	1.92	0.027	2.37	0.01	2.82	0.00
0.28	0.390	0.83	0.203	1.38	0.084	1.93	0.027	2.38	0.01	2.83	0.00
0.29	0.386	0.84	0.200	1.39	0.082	1.94	0.026	2.39	0.01	2.84	0.00
0.30	0.382	0.85	0.198	1.40	0.081	1.95	0.026	2.40	0.01	2.85	0.00
0.31	0.378	0.86	0.195	1.41	0.079	1.96	0.025	2.41	0.01	2.86	0.00
0.32	0.374	0.87	0.192	1.42	0.078	1.97	0.024	2.42	0.01	2.87	0.00
0.33	0.371	0.88	0.189	1.43	0.076	1.98	0.024	2.43	0.01	2.88	0.00
0.34	0.367	0.89	0.187	1.44	0.075	1.99	0.023	2.44	0.01	2.89	0.00
0.35	0.363	0.90	0.184	1.45	0.074	2.00	0.02	2.45	0.01	2.90	0.00
0.36	0.359	0.91	0.181	1.46	0.072	2.01	0.02	2.46	0.01	2.91	0.00
0.37	0.356	0.92	0.179	1.47	0.071	2.02	0.02	2.47	0.01	2.92	0.00
0.38	0.352	0.93	0.176	1.48	0.069	2.03	0.02	2.48	0.01	2.93	0.00
0.39	0.348	0.94	0.174	1.49	0.068	2.04	0.02	2.49	0.01	2.94	0.00
0.40	0.345	0.95	0.171	1.50	0.067	2.05	0.02	2.50	0.01	2.95	0.00
0.41	0.341	0.96	0.169	1.51	0.066	2.06	0.02	2.51	0.01	2.96	0.00
0.42	0.337	0.97	0.166	1.52	0.064	2.07	0.02	2.52	0.01	2.97	0.00
0.43	0.334	0.98	0.164	1.53	0.063	2.08	0.02	2.53	0.01	2.98	0.00
0.44	0.330	0.99	0.161	1.54	0.062	2.09	0.02	2.54	0.01	2.99	0.00
0.45	0.326	1.00	0.159	1.55	0.061					3.00	0.00
0.46	0.323	1.01	0.156	1.56	0.059						
0.47	0.319	1.02	0.154	1.57	0.058						
0.48	0.316	1.03	0.152	1.58	0.057						
0.49	0.312	1.04	0.149	1.59	0.056						
0.50	0.309	1.05	0.147	1.60	0.055						
0.51	0.305	1.06	0.145	1.61	0.054						
0.52	0.302	1.07	0.142	1.62	0.053						
0.53	0.298	1.08	0.140	1.63	0.052						
0.54	0.295	1.09	0.138	1.64	0.051						

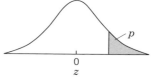

別表 2　t の臨界値（両側検定）

	有意水準（両側検定）		
df	10%	5%	1%
1	6.31	12.71	63.66
2	2.92	4.30	9.92
3	2.35	3.18	5.84
4	2.13	2.78	4.60
5	2.02	2.57	4.03
6	1.94	2.45	3.71
7	1.89	2.36	3.50
8	1.86	2.31	3.36
9	1.83	2.26	3.25
10	1.81	2.23	3.17
11	1.80	2.20	3.11
12	1.78	2.18	3.05
13	1.77	2.16	3.01
14	1.76	2.14	2.98
15	1.75	2.13	2.95
16	1.75	2.12	2.92
17	1.74	2.11	2.90
18	1.73	2.10	2.88
19	1.73	2.09	2.86
20	1.72	2.09	2.85
21	1.72	2.08	2.83
22	1.72	2.07	2.82
23	1.71	2.07	2.81
24	1.71	2.06	2.80
25	1.71	2.06	2.79
26	1.71	2.06	2.78
27	1.70	2.05	2.77
28	1.70	2.05	2.76
29	1.70	2.05	2.76
30	1.70	2.04	2.75
40	1.68	2.02	2.70
50	1.68	2.01	2.68
60	1.67	2.00	2.66
70	1.67	1.99	2.65
80	1.66	1.99	2.64
90	1.66	1.99	2.63
100	1.66	1.98	2.63
150	1.66	1.98	2.61
200	1.65	1.97	2.60
∞	1.65	1.96	2.58

別表 3　χ^2 の臨界値

	有意水準（両側検定）		
df	10%	5%	1%
1	2.71	3.84	6.64
2	4.61	5.99	9.21
3	6.25	7.82	11.35
4	7.78	9.49	13.28
5	9.24	11.07	15.09
6	10.65	12.59	16.81
7	12.02	14.07	18.48
8	13.36	15.51	20.09
9	14.68	16.92	21.67
10	15.99	18.31	23.21
11	17.28	19.68	24.73
12	18.55	21.03	26.22
13	19.81	22.36	27.69
14	21.06	23.69	29.14
15	22.31	25.00	30.58
16	23.54	26.30	32.00
17	24.77	27.59	33.41
18	25.99	28.87	34.81
19	27.20	30.14	36.19
20	28.41	31.41	37.57
21	29.62	32.67	38.93
22	30.81	33.92	40.29
23	32.01	35.17	41.64
24	33.20	36.42	42.98
25	34.38	37.65	44.31
26	35.56	38.89	45.64
27	36.74	40.11	46.96
28	37.92	41.34	48.28
29	39.09	42.56	49.59
30	40.26	43.77	50.89

別表 4　ピアソンの相関係数の有意性検定における r の臨界値

N	有意水準（両側検定）			N	有意水準（両側検定）			N	有意水準（両側検定）		
	10%	5%	1%		10%	5%	1%		10%	5%	1%
3	0.988	0.997	1.000	41	0.260	0.308	0.398	120	0.151	0.179	0.234
4	0.900	0.950	0.990	42	0.257	0.304	0.393	125	0.148	0.176	0.230
5	0.805	0.878	0.959	43	0.254	0.301	0.389	130	0.145	0.172	0.225
6	0.729	0.811	0.917	44	0.251	0.297	0.384	135	0.142	0.169	0.221
7	0.669	0.754	0.875	45	0.248	0.294	0.380	140	0.140	0.166	0.217
8	0.621	0.707	0.834	46	0.246	0.291	0.376	145	0.137	0.163	0.213
9	0.582	0.666	0.798	47	0.243	0.288	0.372	150	0.135	0.160	0.210
10	0.549	0.632	0.765	48	0.240	0.285	0.368	160	0.131	0.155	0.203
11	0.521	0.602	0.735	49	0.238	0.282	0.365	170	0.127	0.151	0.197
12	0.497	0.576	0.708	50	0.235	0.279	0.361	180	0.123	0.146	0.192
13	0.476	0.553	0.684	52	0.231	0.273	0.354	190	0.120	0.142	0.186
14	0.458	0.532	0.661	54	0.226	0.268	0.348	200	0.117	0.139	0.182
15	0.441	0.514	0.641	56	0.222	0.263	0.342	220	0.111	0.132	0.173
16	0.426	0.497	0.623	58	0.218	0.259	0.336	240	0.106	0.127	0.166
17	0.412	0.482	0.606	60	0.214	0.254	0.330	260	0.102	0.122	0.159
18	0.400	0.468	0.590	62	0.211	0.250	0.325	280	0.099	0.117	0.154
19	0.389	0.456	0.575	64	0.207	0.246	0.320	300	0.095	0.113	0.149
20	0.378	0.444	0.561	66	0.204	0.242	0.315	350	0.088	0.105	0.138
21	0.369	0.433	0.549	68	0.201	0.239	0.310	400	0.082	0.098	0.129
22	0.360	0.423	0.537	70	0.198	0.235	0.306	450	0.078	0.092	0.121
23	0.352	0.413	0.526	72	0.195	0.232	0.302	500	0.074	0.088	0.115
24	0.344	0.404	0.515	74	0.193	0.229	0.298	600	0.067	0.080	0.105
25	0.337	0.396	0.505	76	0.190	0.226	0.294	700	0.062	0.074	0.097
26	0.330	0.388	0.496	78	0.188	0.223	0.290	800	0.058	0.069	0.091
27	0.323	0.381	0.487	80	0.185	0.220	0.286	900	0.055	0.065	0.086
28	0.317	0.374	0.479	82	0.183	0.217	0.283	1000	0.052	0.062	0.081
29	0.311	0.367	0.471	84	0.181	0.215	0.280				
30	0.306	0.361	0.463	86	0.179	0.212	0.276				
31	0.301	0.355	0.456	88	0.176	0.210	0.273				
32	0.296	0.349	0.449	90	0.174	0.207	0.270				
33	0.291	0.344	0.442	92	0.173	0.205	0.267				
34	0.287	0.339	0.436	94	0.171	0.203	0.264				
35	0.283	0.334	0.430	96	0.169	0.201	0.262				
36	0.279	0.329	0.424	98	0.167	0.199	0.259				
37	0.275	0.325	0.418	100	0.165	0.197	0.256				
38	0.271	0.320	0.413	105	0.161	0.192	0.250				
39	0.267	0.316	0.408	110	0.158	0.187	0.245				
40	0.264	0.312	0.403	115	0.154	0.183	0.239				

索引

謝辞に代えて

もとより、本書は私一人の力では到底なり得なかった。名古屋大学大学院教育発達科学研究科准教授の光永悠彦先生には、原稿を丁寧にチェックいただき、私の知識・理解不足をあますところなく補っていただいた。光永先生との出会いがなければこの本はない。記して、感謝の気持ちを表したい。

法政大学理工学部創生科学科の柳川研究室を巣立っていった（いく）卒業生にも「ありがとう」を伝えたい。本書に収められた研究課題の多くは彼らの卒業研究のテーマそのものである。彼ら一人ひとりの個性が本書に彩りを添えてくれた。その意味で、本書は十余年に及ぶ当研究室の歴史の１ページでもある。

最後に、TA（Teaching Assistant）として授業づくりを手伝ってくれた院生諸君、アンケートに回答してくれた多くの人々、そして本書に関わってくれたすべての人と、いつも笑顔で見守ってくれる妻、晴美に感謝の気持ちを伝え、謝辞に代えたい。

仙台のホテルの一室にて
2023 年晩夏

〈著者略歴〉

柳川浩三 （やながわ こうぞう）

小田原市出身
法政大学 理工学部 准教授
1986 年　日本大学 文理学部 英文学科 卒業
2008 年　早稲田大学大学院 教育学研究科 博士後期課程
　　　　　単位取得満期退学
2012 年　University of Bedfordshire CRELLA（英語学習評価
　　　　　研究センター）博士課程修了（Ph.D.）

〈主な著書〉
『Global Issues in Actions: Tasks that Work - タスクで考える
国際問題』（共著、三修社）
〈主な学会活動〉
日本言語テスト学会理事、日本テスト学会編集委員

- 本書の内容に関する質問は、オーム社ホームページの「サポート」から、「お問合せ」の「書籍に関するお問合せ」をご参照いただくか、または書状にてオーム社編集局宛にお願いします。お受けできる質問は本書で紹介した内容に限らせていただきます。なお、電話での質問にはお答えできませんので、あらかじめご了承ください。
- 万一、落丁・乱丁の場合は、送料当社負担でお取替えいたします。当社販売課宛にお送りください。
- 本書の一部の複写複製を希望される場合は、本書扉裏を参照してください。

JCOPY ＜出版者著作権管理機構 委託出版物＞

R による
教育・言語・心理系のためのデータサイエンス入門

2023 年 10 月 15 日　　第 1 版第 1 刷発行

著　　者　柳川浩三
発行者　村上和夫
発行所　株式会社 オーム社
　　　　　郵便番号　101-8460
　　　　　東京都千代田区神田錦町 3-1
　　　　　電話　03(3233)0641（代表）
　　　　　URL　https://www.ohmsha.co.jp/

© 柳川浩三 2023

組版　トップスタジオ　　印刷・製本　壮光舎印刷
ISBN978-4-274-23102-5　Printed in Japan

本書の感想募集 https://www.ohmsha.co.jp/kansou/
本書をお読みになった感想を上記サイトまでお寄せください。
お寄せいただいた方には、抽選でプレゼントを差し上げます。

関連書籍のご案内

テキストマイニングの手法が
よくわかる!!

テキストマイニング入門
ExcelとKH Coderでわかるデータ分析

末吉 美喜／著　定価(本体2500円【税別】)・A5判・232ページ

　本書はテキストマイニングの基礎と事例について、フリーの計量テキスト分析ソフト KH Coder を利用したテキストの解析と、Excel によるその分析手法を通して解説する入門書です。

　テキストマイニングをいかに業務に活かしていくか、つまずきがちなポイントをマンガやイラスト、図解を用いてわかりやすく解説します。

	第1部　テキストマイニング 基礎編	第2部　テキストマイニング 実践編
主要目次	第1章　テキストマイニングとは	第7章　アンケートのテキストマイニング
	第2章　テキストマイニングで実現できること	
	第3章　気軽に始めるテキストマイニング	**付録**
	第4章　テキストデータを準備する	A.1　Jaccard係数の計算方法
	第5章　KH Coderで伝える! 分析アウトプット5選	A.2　先輩おすすめの参考書籍
	第6章　分析の精度を高める! データクレンジング	

もっと詳しい情報をお届けできます.
◎書店に商品がない場合または直接ご注文の場合も右記宛にご連絡ください.

ホームページ **https://www.ohmsha.co.jp/**
TEL／FAX　TEL.03-3233-0643　FAX.03-3233-3440

(定価は変更される場合があります)　　　　　　　　　　　　　　　　　　　　　　　　　F-2110-305

関連書籍のご案内

使える 51の 統計手法

菅 民郎【監修】　志賀保夫・姫野尚子【共著】

統計学の基礎を51の手法で学ぶ!!

　統計学は、理論を深く学ぼうとすると数式の壁にぶつかります。しかし実際にデータ分析をするには分析手法とExcelを使えば十分使いこなすことができます。

　本書は分析手法を51に絞ってイラストと例題でわかりやすく解説します。

主要目次

Chapter 01　代表値
Chapter 02　散布度
Chapter 03　相関分析
Chapter 04　CS分析
Chapter 06　母集団と標準誤差
Chapter 07　統計的推定
Chapter 08　統計的検定
Chapter 09　平均値に関する検定
Chapter 10　割合に関する検定
Chapter 11　相関に関する検定
Chapter 12　重回帰分析
付録　統計手法　Excel 関数一覧表

STATISTICAL ANALYSIS IS THE BEST TOOL IN BUSINESS

菅 民郎【監修】
志賀保夫・姫野尚子【共著】

使える 51の 統計手法

算術平均値／幾何平均値／調和平均値／中央値／割合／パーセンタイル／最頻値／標準偏差／偏差の標準偏差／変動係数／四分位範囲と四分位偏差／5数要約と箱ひげ図／基準値／偏差値／単相関係数／単回帰式／クロス集計／リスク比／オッズ比／クラメール連関係数／相関比／スピアマン順位相関係数／CSグラフ／改善度指数／正順分布／2分布／歪度と尖度／正規確率プロット／t分布／標準誤差／mean±SD／mean±SE／誤差グラフとエラーバー／情報量／母平均と推定／母平均の推定／母比率の推定／t検定／母平均の差の検定／t検定／ウェルチのt検定／対応のあるt検定／毎年相差分の信頼区間／対応のない場合（t検定）／対応のある場合（マ　マ）マクネマー検定／従属関係にある場合（t検定）／一部従属関係にある場合（t検定）／単相関係数の無相関の検定／クロス集計のカイ2乗検定／重回帰分析／月次時系列分析

定価（本体2500円【税別】）／A5判／256頁

もっと詳しい情報をお届けできます.
◎書店に商品がない場合または直接ご注文の場合も
　右記宛にご連絡ください.

ホームページ　https://www.ohmsha.co.jp/
TEL/FAX　TEL.03-3233-0643　FAX.03-3233-3440

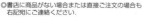

（定価は変更される場合があります）　　　　　　　　　　　　　　　　　　　　　　F-2004-268

関連書籍のご案内

お薦めの **統計書籍**
統計学をしっかり勉強したい人のために

【好評の書籍!】

入門 統計学 第2版
検定から多変量解析・
実験計画法・ベイズ統計学まで

栗原 伸一●著

A5 判・416 頁
定価(本体 2600円【税別】)

R によるやさしい
統計学

山田 剛史
杉澤 武俊
村井 潤一郎●共著

A5 判・420 頁
定価(本体 2700円【税別】)

Excelで学ぶ シリーズ
統計解析、多変量解析、電気、物理、土木などの
書目を Excel で計算・シミュレーションする

【統計学の実務、副読本、
自習書として!】

#Excel データは https://www.ohmsha.co.jp よりダウンロード

Excelで学ぶ **統計的予測**
菅 民郎●著
B5 変・312 頁
定価(本体 3200円【税別】)

Excelで学ぶ **統計解析入門**
Excel 2019/2016 対応版
菅 民郎●著
B5変・416 頁／定価(本体 2900円【税別】)

Excelで学ぶ **人口統計学**
和田 光平●著
B5 変・248 頁
定価(本体 3800円【税別】)

もっと詳しい情報をお届けできます.
◎書店に商品がない場合または直接ご注文の場合も
右記宛にご連絡ください.

ホームページ　https://www.ohmsha.co.jp/
TEL／FAX　TEL.03-3233-0643　FAX.03-3233-3440

(定価は変更される場合があります)

F-2110-304